이중
나선

The Double Helix
by James D. Watson

THE

이중
나선

생명에 대한 호기심으로 DNA구조를 발견한 이야기

DOUBLE

제임스 왓슨 지음 | 최돈찬 옮김

궁리
KungRee

『이중나선』이 한국어판으로 정식 발간되는 것을 기쁘게 생각한다. 이중나선에서 시작된 생명과학의 새로운 지식은 인류의 삶을 한 단계 진전시킨 강력한 힘이 되었다. 부모에게서 자식으로 전달되는 유전정보를 담은 분자들의 본질은 무엇일까. 이들의 화학적 특징은 무엇일까. 나는 이러한 생명의 비밀을 알아내기 위해 과학자가 되었다. 생명에 대한 호기심은 1944년 슈뢰딩거의 『생명이란 무엇인가』를 읽었을 때 불꽃처럼 타올랐다.

　프랜시스 크릭과 내가 DNA의 이중나선 구조를 발견한 이야기를 효과적으로 기술하기 위해, 나는 소설의 형식을 빌렸다. 내가 이 책을 쓰기 시작한 것은 케임브리지 대학 캐번디시 연구소에 새로 부임한 23세 무렵이었다. 한국의 젊은 독자들이 이 책을 널리 읽어주기를 기대한다.

James D. Watson

이중나선의 이중효과

우리 사회에는 '과학자는 글을 못 쓴다'는 이상한 고정관념이 있다. 사실 나는 과학자 중에서는 그래도 꽤 읽어줄 만한 글을 쓴다 하여 이 고정관념의 덕을 톡톡히 보고 사는 편이지만, 이 어처구니없는 관념만은 하루속히 깨져야 한다고 생각한다. 과학자는 오히려 다른 학문을 하는 사람보다 글을 잘 써야 한다. 어려운 내용을 쉽게 설명하려면 그만큼 더 설득력 있는 글을 써야 하지 않겠는가?

서양의 과학자들 중에는 글을 잘 쓰는 이들이 많다. 과학자치고 제법 잘 쓰는 정도가 아니라, 가장 글을 잘 쓰는 작가들 중에 현직 과학자나 적어도 예전에 과학을 공부했던 사람들이 많다는 얘기다. 게다가 글을 잘 쓰는 과학자가 성공한다. 많은 물리학자들 중 우리가 특별히 아인슈타인과 파인만을 기억하는 까닭이 오로지 그들의 연구 업적 때문만은 아닐 것이다. "봄이 와도 새는 울지 않는다"는 시적인 표현으로 살충제 남용을 경고한 레이첼 카슨이 최고의 생태학자는 아니지만,『침묵의 봄』덕택에 그는 우리에게 가장 위대한 생태학자 중 한 사람으로 각인되었다.

나는 2005년 우리나라가 프랑크푸르트 북페어의 주빈국으로 잔치를 벌일 때, 유일하게 문학가가 아닌 사람으로 초청받아 강연을 하게 되었다. 세계적인 책 잔치에 언젠가 한번 꼭 가보고 싶었던 터라 흔쾌히 수락했는데, 초청장과 함께 주최측이 내게 내민 주제는 '노벨 과학상과 출판'이었다. 언뜻 듣기에 너무 거창한 주제라는 생각도 들었지만, 나는 곧 제임스 왓슨과 그의『이중나선』을 떠올렸다. 과학에서 글쓰기의 중요성을 이 책만큼 극명하게 보여주는 예는 좀처럼 찾아보기 어려웠기 때문이다.

20세기 과학의 가장 위대한 업적이라 평가받는 DNA 구조의 발견은 왓슨, 크릭, 윌킨스에게 노벨 생리 · 의학상을 안겨주었다. 왓슨과 크릭의 연구에 결정적인 단서를 제공한 로잘린드 프랭클린은 너무 일찍 세상을 떠나 노벨상 수상 대상에 끼지도 못했다. 반면 두 사람의 발견에 밑거름이 된 많은 기초 연구를 한 공로로 윌킨스는 노벨상을 공동으로 수상했다. 그러나 윌킨스는 그리 머지않아 세상 사람들에게서 잊혔고, 결국 그 유명한《네이처》논문을 공동으로 발표한 왓슨과 크릭만이 DNA 이중나선 구조의 발견자로 기억되고 있다.

그러나 세월이 흐른 뒤 영국인들을 끊임없이 괴롭힌 질문이 있었다. 이 세 사람 중 나이가 제일 어리고 경력도 적은 미국인 왓슨이 영국의 선배 학자들보다 훨씬 유명해진 까닭이 무엇인지 머리를 긁적이게 된 것이다. 실제로 미국에서 건너온 약간 껄렁껄렁해 보이는 이 젊은 학자보다 누가 봐도 화학구조 등에 훨씬 더 풍부한 지식을 갖고 있던 크릭이 직접적인 연구는 더 많이 했다. 그럼에도 불구하고 왜 세상은 왓슨을 더 높이 치켜세우고, 실제로 후속 연구를 하는 데도 그의 영향력이 훨씬 막강했는지 이해할 수 없었다.

오랜 논쟁 끝에 영국인들이 내린 결론은 약간 뜻밖이었다. 일반인들을 상대로 왓슨이 저술한『이중나선』이라는 작은 책 때문이라는 것이었다. 논문 작성을 마친 후 동전을 던져 저자의 순서를 정하기로 했을 때 신이 왓슨의 손을 들어준 행운도 무시할 수는 없지만 그보다 더 명확한 차이는 왓슨은 책을 썼고 크릭은 쓰지 않았다는 것이다. 그것도 언뜻 보아 참으로 보잘것없어 보이는 이 작은 책을.

『이중나선』이 일반인을 위해 씌어진 책이라고 말할 때, 그 '일반인'에는 평소 판타지 소설을 즐겨 읽던 독자들도 포함되지만 과학의 다른 분야에 종사하는 학자들과 정부의 정책 담당자들도 포함된다. 왓슨은 이 작은 책으로 유전자과학의 흥미진진함을 많은 사람들에게 알려 엄청나게 유명해졌고, 그 덕에 대중은 훨씬 더 과학에 가까워질 수 있었다. 이것이 바로『이중나선』의 이중효과다. 이 같은 개인적인 유명세와 대중의 이해가 훗날 그가 인간유전체 연구(human genome project)에 엄청난 예산을 끌어내는 데 기여했으리라는 것은 의심할 여지가 없다.

이 책은 리처드 도킨스의『이기적 유전자』와 더불어 내가 가장 많이 추천하는 책이다. 내가 대학 시절 원서로 읽은 몇 안 되는 책들 중 하나이기도 하다. 역시 노벨상 수상자인 자크 모노의『우연과 필연』을 빼곤 거의 유일하게 읽은 과학책이었다. 나는 결국 실험실에서 유전자의 구조를 연구하는 생화학자가 되지는 않았지만, 이 책을 읽으며 먼 훗날 과학자로서의 내 모습을 수없이 그려보았다. 이 책이 과학의 세계로 끌어들인 젊은이가 어찌 나 한 사람뿐일까? 작은 책 한 권의 힘이 이처럼 위대할 수 있을까?

『이중나선』은 과학자 왓슨과 인간 왓슨을 고르게 조명한다. 너무 발가벗는 것은 아닐까 하여 오히려 읽는 사람을 조마조마하게 만드는 거침없는 솔직함은 결코 과학자 왓슨을 깎아내리지 않는다. 인간 왓슨의 멋스러움이 살아나는 것은 말할 나위도 없다. 신기한 것은 인간 왓슨이 살아남에 따라 과학자 왓슨의 주가도 덩달아 올랐다는 사실이다. 과학도 사람이 하는 일이다. 과학계가 온통 자로 잰듯 삭막한 실험의 연속이 아니라, 갈등과 암투 그리고 멋진 경쟁이 벌어지는 흥미진진한 드라마라는 걸 이 작은 책이 보여주었다. 이것이 『이중나선』의 또 다른 이중효과다.

이 책을 읽고도 과학에 흥미를 느끼지 못하거나 과학을 전공하겠다는 마음이 생기지 않는 학생이 있다면 그는 분명 감성에 문제가 있다고 봐도 좋을 것이다. DNA의 이중나선 구조가 밝혀진 지 어언 반세기가 흘렀다. 이제 DNA는 우리 삶의 일상용어가 되었고 유전자과학은 우리의 몸은 물론 정신도 속속들이 들여다보기 시작했다. 사뭇 과격한 정책과 발언을 일삼다 결국 사임하게 된 로렌스 서머즈 하버드 대학 총장은 모든 학문이 다 유전자를 연구해야 할 것이라고 말해 물의를 일으키기도 했다. 지나친 감이 없지 않지만 유전자에 대해 알지 못한 채 21세기를 살아가기란 쉽지 않을 것이다. 흥미진진한 유전자의 세계로 뛰어들고 싶다면 모름지기 이 책으로부터 시작해야 할 것이다.

최재천(이화여자대학교 석좌교수)

차례

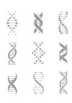

유전의 기본 물질인 DNA 구조를 규명하기까지의 과정을 적은 이 책에는 몇 가지 특이한 면이 있다. 저자인 왓슨이 내게 서문을 써달라고 요청했을 때 나는 기꺼운 마음으로 이를 수락했다.

무엇보다도 우선 이 책은 과학적으로 아주 재미있는 내용을 담고 있다. 왓슨과 크릭에 의한 DNA 구조의 발견은 생물학적인 의미가 대단하여 이미 20세기 과학사에 일어난 획기적인 업적 중 하나가 되었다. 그 발견 덕분에 엄청난 규모로 후속 연구가 진행되었으며, 과학 분야에는 격변이 일어났다. 그리고 생화학 분야는 그야말로 완전히 새로운 모습으로 다시 태어나게 되었다.

나는 과학사의 주요 업적인 이 발견과 관련된 기억들이 매우 중요하다는 점을 알고 있었다. 그 때문에, 저자의 기억이 아직 생생할 때 그동안의 경위를 한 권의 책으로 남길 것을 강력히 권했던 사람들 가운데 나 역시 한 명이었다. 결과는 기대 이상이었다. 특히 참신한 아이디어가 탄생하기까지의 과정이 흥미진진하게 기술된 후반부는 압권이었다. 눈에 잡힐 듯 묘사한 그 과정은 마지막까지 손에 땀을 쥐게 한다. 연구자의 경쟁심과 호기심 그리고 마침내 탁월한 성취를 이루어내는 과정을 그렇게 공감할 수 있게 쓴 책은 어디에서도 찾아볼 수 없었다.

　이 책이 전하는 또 하나의 이야기는 과학자들이 연구 과정에서 다른 경쟁자들과 종종 맞닥뜨리는 곤혹스러운 처지에 관한 것이다. 한 주제에 대해 몇 년간 연구하고 있는 어떤 동료가 상당히 많은 근거를 축적하였으나 성공을 확신하기에는 뭔가 결정적인 것이 부족하여 발표를 미루고 있다는 것을 알게 되었다고 하자. 그가 이 사실을 알고, 관점을 약간 바꾸어 미진한 문제를 깨끗이 해결하는 방법을 발견했다고 확신한 뒤, 동료에게 공동 연구를 제안한다면 어떻게 될까. 권리 침해로 간주될까. 그렇다면 그는 공동 연구를 포기하고 미발표 연구 결과를 바탕으로 독자적인 연구를 추진해야 하는가. 따지고 보면 새로 떠오른 그 결정적인 아이디어라는 것도 사실은 정말로 자신의 생각인지, 아니면 다른 사람들과 대화하다 불현듯 떠오른 것인지 애매한 경우가 많다. 이러한 어려움 때문에, 과학자들 사이에는 동료의 연구 성과에 어느 정도 관여할 수 있는 권리를 인정해주는 풍토가 있다. 더구나 경쟁이 여러 곳에서 일어난다면 더더욱 주저할 필요가 없다. 이러한 딜레마는 DNA 구조 발견을 다루는 이 책에서도 여실히 드러난다. 1962년도 노벨상을 케임브리지 대학의 왓슨과 크릭뿐만 아니라, 오랫동안 인내하며 연구한 런던 킹스 대학의 윌킨스에게 공동으로 수여한 것은, 이 연구에 관계했던 모든 사람들에게 아주 기분 좋은 일이었다.

또 하나 언급하고 싶은 것은, 이 책에는 미국에서 건너온 한 젊은이가 유럽과 영국에서 생활하며 받은 인간적인 체취가 물씬 풍긴다는 점이다. 저자는 피프스(Samuel Pepys, 영국의 일기 작가)처럼 자신의 느낌을 솔직하게 쓰고 있다. 따라서 이 책에 등장하는 사람들은 매우 관대한 마음으로 이 책을 읽어야 할 것이다. 독자들은 이 책을 언젠가는 씌어질 역사서의 자료가 될 자서전적 내용으로 생각하고 읽으면 좋을 것이다. 저자 스스로 말한 바와 같이, 이 책은 역사적인 사실을 다루었다기보다 저자의 체험과 인상을 다룬 것이다. 이 책에 나오는 사건들은 당시 저자가 생각했던 것보다 훨씬 더 복잡했고, 또 그 사건에 관계했던 사람들의 입장도 그가 느낀 것과 다를 수도 있다. 하지만 틈틈이 저자는 남다른 직관과 통찰력으로 사람들의 인간적인 약점을 찌르고 있다.

저자는 이 내용에 관련되어 있는 우리 중 몇몇에게 원고를 보여줬고, 대다수는 여러 부분을 수정하자고 제안했지만, 개인적으로 나는 너무 많이 고치는 것은 원치 않았다. 저자의 솔직하고 생생한 표현을 뺀다면 이 책의 재미 또한 반감될 수 있다고 생각했기 때문이다.

윌리엄 로렌스 브래그

.

이 책에서는 DNA의 구조가 어떻게 발견되었는지를 내 나름의 입장에서 이야기하고자 한다. 그러자면 어쩔 수 없이 이야기의 무대가 되는 2차대전 직후 영국의 분위기부터 묘사해야 한다. 이 책을 통해 사람들은 과학이 항상 합리적인 방향으로만 발전하지는 않는다는 점을 알게 될 것이다. 과학은 전진하기도 하지만 때로는 후퇴하기도 한다. 이는 개인의 성격이나 사회문화 전통과 같은 과학 외적인 상황도 과학에 어느 정도 영향을 미치기 때문이다.

따라서 나는 DNA 구조를 발견한 후에 알게 된 여러 사실들을 설명할 때, 지금의 입장이 아니라 되도록이면 그 당시 내가 느꼈던 대로 기술하고자 했다. 물론 밝혀진 사실들을 근거로 이모저모 따져보며 접근하는 지금의 입장이 더 객관적이겠지만, 그렇게 된다면 젊은이의 패기에 의해 과학의 진리가 발견되고, 그 진리가 참되고 단순할 것이라고 신봉했던 도전 정신을 제대로 전달하지는 못할 것이다. 따라서 순전히 나의 입장에서 기술되었기에 일방적이고, 한쪽으로 치우치고, 공평하지 않은 부분도 많다. 어차피 우리가 새로운 아이디어나 지식을 만나 호불호를 따질 때 객관적이기보다는 각자의 입장에서 불완전하고 성급한 결론을 내리곤 하지 않던가. 어쨌든 나는 1951년에서 1953년에 걸쳐 내가 체험한 전부, 즉 새로운 아이디어와 내가 만났던 사람들에 관해 쓰고자 한다.

물론 이 이야기에 등장하는 이들이 자기 입장에서 나와는 사뭇 다르게 이야기할 수도 있다는 점을 잘 안다. 그 이유는 동일한 일일지라도 경우에 따라 그들과 내가 다르게 기억하거나 두 사람이 각각 다른 입장에서 그 일을 경험했기 때문일 것이다. 이처럼 아주 엄격한 잣대를 들이댄다면 DNA 구조를 발견하기까지의 객관적이고 완벽한 이야기를 쓸 사람은 아무도 없을 것이다.

사정이 이러한데도 굳이 이 책을 쓰는 까닭은 주위 과학자를 비롯해 많은 분들이 이중나선 구조가 어떻게 발견되었는지에 관해 궁금해하였고, 그렇다면 비록 완벽하지는 않더라도 없는 것보다는 미흡하나마 들려주는 것이 좋겠다는 생각이 들었기 때문이다. 그러나 더 중요한 이유는 내가 보기에 일반 대중이 과학의 발전이 어떻게 이루어지는가에 대해서 너무 모른다는 점이다. 그렇다고 과학이 모두 이 책에 기술된 방식으로 이루어지는 것은 아니다. 과학의 연구 방법은 과학자의 개성만큼이나 다양하기 때문이다. 나는 DNA의 이중나선 구조를 발견한 과정도, 반대를 위한 반대와 정정당당한 경쟁, 그리고 개인적 야심이 뒤얽힌 과학계에서 벌어지는 일반적 현상을 그대로 답습하였다고 생각한다.

이 책을 써야겠다는 생각은 이중나선 구조를 발견한 무렵부터 가슴속에 간직하고 있었다. 그래서 나는 그 무렵의 일들을 내 인생의 다른 어떤 것들보다 생생하게 기억한다. 또한 당시 나는 부모님께 1주일에 한 번씩 편지를 보냈는데, 그것들이 책을 쓰는 데 크게 도움이 되었다. 특히 지나간 일들의 날짜를 정확히 매기는 데 이 편지들의 도움이 컸다. 책을 묶기 전 원고 상태에서 읽고 부족했던 부분을 아주 자세하게 설명해준 여러 친구들의 귀중한 조언도 큰 몫을 했다. 물론 나의 기억과 다른 경우도 가끔 있었다. 어찌 됐든 이 책은 어디까지나 나의 주관적인 입장에서 기록된 것임을 밝혀둔다.

　전반부의 몇 장들은 알베르트 센트 지외르지(Albert Szent-Györgyi), 존 휠러(John A. Wheeler), 존 케언스(John Cairns) 등의 집에서 썼다. 바다가 내려다보이는 전망 좋은 곳에 책상이 있는 조용한 방을 제공해준 그들에게 감사드린다. 후반부의 장들은 구겐하임 특별연구원으로 케임브리지에서 다시 근무하는 동안 집필했다. 비록 짧은 기간이었지만 옛날로 돌아가는 기분이었고, 킹스 대학의 학장 및 교직원 여러분들의 친절한 환대에 감사를 드린다.

　나는 당시를 생생하게 전해주는 사진을 가능한 한 많이 수록했다. 귀한 사진을 보내준 허버트 굿프로인트(Herbert Gutfreund), 피터 폴링(Peter Pauling), 휴 헉슬리(Hugh Huxley), 군터 스텐트(Gunther Stent) 등에게 감사를 표하고 싶다. 래드클리프(Radcliffe)의 우등생답게 날카롭고 참신한 의견을 제시하며 편집을 도와준 리비 올드리치(Libby Aldrich)와 잘못된 표현을 바로잡고 훌륭한 책이 갖춰야 할 덕목에 대해 수없이 조언해준 조이스 레보위츠(Joyce Lebowitz)에게 커다란 도움을 받았다.

끝으로, 원고를 집필할 때부터 줄곧 나를 도와준 토머스 J. 윌슨(Thomas J. Wilson)에게 특별히 감사를 표하고 싶다. 그의 현명하고 따뜻하고 사려 깊은 조언 덕분에, 이 책은 내가 원했던 모습으로 세상에 태어날 수 있었다.

1967년 11월

하버드 대학교에서

제임스 왓슨

1955년 여름 어느 날, 나는 몇몇 친구들과 함께 알프스 산으로 등산을 갔다. 당시 킹스 대학 동료였던 알프레드 티시에르(Alfred Tissières)가 로트호른 꼭대기까지 안내하겠다고 하는 바람에 용기를 냈던 것이다. 길잡이를 붙여 알리닌까지 올라가려고 계획을 세우고 버스를 탔는데, 금방이라도 돌이 굴러떨어질듯 깎아지른 벼랑길을 가는 내내 아찔하기만 했다. 갑자기 커브가 나타나 방향이라도 틀 때면 운전기사마저 멀미를 하지 않을까 마음을 졸이다가 두 시간 만에 겨우 지날에 도착했다. 마침 호텔 앞에서 알프레드 티시에르가 콧수염을 길게 기른 트리니티 대학의 학감과 대화를 나누는 모습이 눈에 들어왔다. 학감은 전쟁 동안 인도에서 복무했던 사람이었다.

이날 오후 알프레드 티시에르의 컨디션이 별로 좋지 않았기 때문에 우리는 거대한 빙하 아래에 자리 잡은 작은 식당까지 가볍게 산책이나 하기로 했다. 빙하는 오버가벨호른에서 떨어지는 것으로 이 빙하 위쪽은 다음날 가기로 했다.

몇 분 지나지 않아 호텔이 시야에서 사라졌을 때, 우리 쪽으로 등산객 한 무리가 다가왔는데, 그중 한 사람은 낯이 익은 얼굴이었다. 윌리 시즈(Willy Seeds)였다. 그는 몇 년 전 런던 킹스 대학에서 모리스 윌킨스(Maurice Wilkins, 1962년 왓슨, 크릭과 함께 노벨상 공동 수상)와 같이 DNA(deoxyribonucleic acid)의 광학적 특성에 관하여 공동 연구했던 과학자였다. 시즈도 나를 얼른 알아보고, 걸음을 늦추며 아는 체를 했다. 그는 배낭을 내리며 이야기를 할듯 하더니 "어이, 요즘 잘 지내시는가?"라는 한 마디를 던진 후, 일행과 함께 곧장 아래로 내려가버렸다.

언덕길을 터벅터벅 걷는 동안 런던의 학회에서 그와 만났던 일이 문득 떠올랐다. 그 당시만 해도 DNA는 아직 신비에 싸여 있었다. 따라서 조금만 노력하면 누구든 주제로 선택할 수 있었지만 누가 그 비밀을 밝혀낼지, 그리고 과연 DNA가 그렇게 가치 있는 주제인지는 아무도 장담하지 못하는 상황이었다.

그러나 이제 경쟁은 끝났다. 이 경쟁에서 이긴 승리자의 한 사람으로서, 나는 이 경쟁이 그렇게 단순하지도 않았고, 신문에 보도된 기사와 상당히 거리가 있는 것도 알고 있다. 간단히 말해, 이 경쟁은 모리스 윌킨스, 로잘린드 프랭클린(Rosalind Franklin), 라이너스 폴링(Linus Pauling, 1954년 노벨 화학상, 1962년 노벨 평화상 수상), 프랜시스 크릭(Francis Crick), 그리고 나, 이렇게 5명이 벌인 것이었다. 이들 중 크릭은 나와 한 팀을 이루어 큰 역할을 해냈기에 그에 대한 이야기부터 시작하기로 한다.

산책 중인 프랜시스 크릭과 제임스 왓슨.
뒤로는 킹스 대학 교회가 보인다.

01

내가 보기에 프랜시스 크릭은 그리 겸손한 사람이 아니었다. 다른 사람에게는 어떻게 보였는지 모르겠지만, 나는 그가 겸손하다고 생각해본 적이 없다. 그러나 크릭의 이러한 성격은 그가 누리는 현재의 명성과는 아무런 상관이 없다. 그는 이미 유명세를 치르며 존경의 대상이 되었고, 그리고 언젠가는 러더퍼드(Daniel Rutherford)나 보어(Niels Bohr)와 같은 반열에 오를 것이다. 그러나 1951년 가을 물리학자와 화학자로 구성된 소규모 그룹과 단백질의 3차원 구조를 공동 연구하기 위해 케임브리지 대학의 캐번디시 연구소에 왔던 때만 해도 사정은 전혀 달랐다.

당시 그는 35세의 전혀 알려지지 않은 무명 과학자였다. 그와 친한 몇몇 동료만이 크릭의 빠른 머리 회전과 통찰력을 알았고 가끔 조언도 구했지만, 대다수는 그의 재능을 인정하지 않고 그저 말 많은 수다쟁이로만 대할 뿐이었다.

크릭이 속한 실험실은 1936년에 영국으로 온 오스트리아 태생의 화학자 막스 페루츠(Max Perutz, 1962년 노벨 화학상 수상)가 지도하고 있었다. 페루츠는 10여 년간 X선 회절법으로 헤모글로빈(Hemoglobin) 결정체를 연구하고 있었는데, 이 무렵의 연구는 거의 마무리 단계에 접어들고 있었다. 그를 도와주는 사람은 캐번디시의 책임자인 로렌스 브래그 경(Sir Lawrence Bragg, 1915년 노벨 물리학상 수상)이었다. 노벨상 수상자 브래그와 결정학(crystallography)의 창시자인 두 사람은 파고들수록 점점 더 복잡해지는 구조를 풀기 위해 X선 회절법으로 무려 40년이나 관찰하고 있었다.[1]

분자가 복잡하면 복잡할수록, 브래그 경은 새로운 방법을 통해 해결한 뒤 성취감을 그만큼 더 느꼈다. 그래서 전쟁 직후 몇 년 만에 그는 분자들 중 가장 복잡한 단백질의 구조를 풀기 위해 특별히 온 힘을 쏟고 있었다. 행정 업무를 수행하는 와중에도 시간이 나는 틈틈이 최근에 축적된 X선 데이터를 논의하기 위해 페루츠의 사무실을 방문했다. 그리고 함께 데이터를 해석하고 토의했다. 심지어 집에 가서도 데이터 결과를 해석하는 데 몰두하곤 했다.

이론가인 브래그 경과 실험가인 페루츠의 중간에 해당하는 인물이 바로 크릭이었는데, 그는 가끔 실험도 했지만 실은 단백질의

---

1 · X선 회절 기술에 대한 자세한 설명은 존 켄드루(John Kendrew)가 집필한『생명의 실: 분자 생물학 서론(The Thread of Life:An Introduction to Molecular Biology)』을 참고하시오. Cambridge: Harvard University Press, 1966, 14 .

구조를 푸는 이론에 더 몰두했다. 그는 색다른 것을 발견하면 그 흥분을 이기지 못해, 들어줄 만한 사람이면 누구라도 붙들고 큰소리로 떠들곤 했다. 그러다 하루쯤 지난 뒤, 자신의 이론이 먹혀들지 않는다는 것을 깨달으면 실험을 다시 시작하고, 이내 실험이 지루해지면 다시 새로운 이론 해석에 몰두했다.

크릭의 이러한 독특한 성향과 관련해서 재미있는 에피소드도 많다. 보통 실험은 서너 달에서 몇 년까지 지속되기에 실험실 분위기는 딱딱해지기가 쉽다. 하지만 그의 톡톡 튀는 행동은 실험실에 상당히 활기를 불어넣었다. 여기에는 그의 큰 목소리도 한몫했다. 그는 어느 누구보다도 크고 빠르게 말했는데 그가 어쩌다 크게 웃으면 캐번디시 실험실에 있는 모든 이들이 그 웃음소리를 들을 수 있을 정도였다. 연구소 사람들 대부분은 이런 떠들썩한 분위기를 즐겼고, 특히 좀 한가할 때는 그의 이야기를 듣다가 이해가 잘 안 되면 퉁명스레 반문도 하면서 함께 어울렸다. 그러나 브래그 경은 예외였다. 크릭이 한참 신이 나서 떠들면 브래그 경은 언짢은 표정을 감추지 않았고, 너무 심하다 싶으면 조용한 방을 찾아 자리를 피했다. 연구소에는 차를 마시는 방이 있었는데, 그는 크릭의 시끄러운 소리가 싫어 출입을 삼갈 정도였다. 게다가 브래그 경의 연구실 밖 복도가 크릭의 실험실에서 쏟아져 나온 물로 잠긴 경우도 두 번이나 있었다. 크릭이 이론 연구에 몰두한 나머지 흡입관 펌프의 고무관을 잠그지 않았던 것이다!

내가 캐번디시 연구소에 도착했을 때, 크릭은 연구에 많은 진전을 이루어 단백질 결정학의 한계를 훨씬 넘어서고 있었다. 그는 오지랖도 넓어서 다른 실험실에서는 어떤 새로운 실험 결과가 나왔을까 하여 이곳저곳을 자주 기웃거렸다. 그리고 정작 실험 결과를 잘 해석하지 못하는 동료들을 찾아가 자기 나름의 해석을 예의를 갖추어 거침없이 피력하곤 했다. 뿐만 아니라 단숨에 자신의 해석을 뒷받침할 실험 방법까지 제시했다. 그리고 새롭게 제안한 이 아이디어가 과학을 크게 발전시킬 것이라고 자신에 차서 주위 사람들에게 떠들어댔다.

이렇듯 거침없는 태도 때문에 아직은 무명인 또래의 동료들은 겉으로 드러내지는 않았지만 그와 거리를 두었다. 자신이 행한 실험 결과를 두고 크릭이 먼저 그 의미를 파악하고, 그것을 체계화하는 재능을 보일 때마다 기분이 몹시 상했던 것이다. 더구나 크릭이 금방이라도 큰 성공을 거두어 케임브리지라는 큰 그늘에 안주하는 자신들의 밑천이 들통이라도 나는 것이 아닐까 하는 생각이 들면 더욱 그랬다.

크릭은 카이우스 대학에서 1주일에 한 번은 저녁 식사를 할 자격을 갖고 있었지만, 아직은 어떤 대학의 연구원으로도 적을 두지 않았다. 이는 어느 정도는 그가 자초한 것이었다. 학부 학생에게 쓸데없이 시간을 빼앗기지 않으려는 의도도 있었지만, 실은 대부분의 교수들이 그의 째지는 듯한 웃음소리를 1주일에 한 번 이상 듣고 싶어하지 않았기 때문이었다. 이 점에 대해서는 크릭도 많은 고민이 있었음을 나는 잘 안다. 이른바 교수 사회라는 것이 재미도 없고 배

캐번디시 연구소의 X선관 옆에 있는 프랜시스 크릭

울 것도 없이 허풍으로 가득 찬 세계라 생각하던 그였지만 한편으로는 몹시 서운해했다. 킹스 대학에도 남과 잘 어울리지 못하는 사람들이 많이 있었다. 그들은 서로의 인격을 침해하지 않고 자신만의 방법으로 서로 교류하고 있었다. 그러나 크릭을 매우 유쾌한 저녁 식사 동반자로 알고 있었던 이런 친구들도, 포도주를 곁들여 이야기를 나누다 보면 자기도 모르게 크릭에게 말려들어갔던 것이다.

02

내가 케임브리지로 오기 전까지만 해도 크릭은 DNA 및 이 물질이 유전에 미치는 영향에 대해 별로 대수롭지 않게 여기고 있었다. 이는 그가 DNA에 흥미를 느끼지 못했기 때문이 아니다. 오히려 정반대이다. 그가 물리학을 떠나 생물학에 관심을 갖게 된 것은 저명한 이론물리학자 슈뢰딩거(Erwin Schrödinger)가 쓴 『생명이란 무엇인가(What is Life?)』라는 책을 1946년에 읽고 나서였다. 이 책에서 슈뢰딩거는 "유전자야말로 살아 있는 세포의 핵심 성분이며 생명이 무엇인지를 이해하기 위해서는 이 유전자들이 어떻게 작용하는지를 알아야 한다"고 주장했다. 슈뢰딩거가 이 책을 집필했던 1944년 당시만 해도 유전자는 단백질 분자의 특별한 형태라는 것이 일반적인 생각이었다. 그러나 바로 그 무렵 세균학자인 에이버리(O. T. Avery)가 뉴욕 록펠러 연구소에서 몇 가지 실험을 하고 있었다. 그는 그 실험들을 통해 한 박테리아의 유전형질이 순수하게 정제된 DNA 분자를 통해 다른 박테리아로 전달될 수 있음을 밝혀냈다.

　DNA가 모든 세포의 염색체 안에 존재한다는 사실은 이미 널리 알려졌기에 이 실험 결과는 모든 유전자가 DNA로 구성되어 있음을 실험적으로 증명할 수 있다는 것을 예견하는 것이었다. 만일 이게 사실이라면, 진정 생명의 비밀을 풀어주는 로제타 석(Rosetta Stone, 1799년 로제타에서 발견된 비석으로, 고대 이집트 상형문자 해독의 단서가 되었다)은 단백질이 아닐 것이라는 사실을 크릭은 금방 알아차렸다. 그 대신에 머리카락이나 눈의 색깔, 저마다 다른 지능, 남을 웃기는 재주 등 인간의 유전형질이 어떻게 결정되는지를 알아낼 수 있는 해결의 열쇠는 DNA임을 그는 간파했던 것이다.

　물론 아직은 DNA에 대한 결정적인 근거가 없었기에 과학자들은 이를 뒷받침하는 증거를 찾고 있었고, 다른 한편에서는 유전자가 단백질 분자라고 믿으려 했다. 그러나 크릭은 이 문제로 고민하지 않았다. 그가 보기에 대부분의 사람들은 심술만 남은 어리석은 사람들이어서 꼭 뻔하게 질 말에게 돈을 건다고 생각했다. 소위 과학자라고 하는 이들 중에는 신문이나 학술재단에서 널리 알려진 바와 달리 편협하고 아둔한 이들이 많다. 이 점을 깨닫지 못한다면 그는 과학자로 성공할 수 없을 것이다.

　이때만 하더라도 크릭이 DNA 연구 분야에 뛰어들기에는 역부족이었다. DNA가 아무리 중요하다 하더라도 단백질을 연구한 지 이제 겨우 2년밖에 되지 않은 그가 새로운 연구 주제로 방향을 선회하는 것은 결코 쉬운 일이 아니었기 때문이다. 게다가, 캐번디시의 동료들은 DNA에 그다지 관심을 갖고 있지 않았다. 따라서 재정적 상황이 좋다 할지라도 DNA 구조를 관찰하기 위해 X선 회절법 연구팀을 우선적으로 짜려면 2~3년은 족히 걸릴 상황이었다.

게다가 어렵사리 팀을 짠다 하더라도 거기에는 구성원간의 인간적인 문제가 자리 잡고 있었다. 그 당시 영국에서 DNA에 관한 분자 수준의 연구는 이론적으로 어떻든 간에 실제로 런던 킹스 대학(King's College)²의 미혼남인 모리스 윌킨스가 독점하고 있었다. 그는 크릭과 마찬가지로 물리학자였으며 또한 주요 연구 장비로 X선 회절법을 사용했다. 만일 크릭이 이 분야에 뛰어든다면 3~4년 넘게 먼저 연구해왔던 윌킨스로서는 참으로 탐탁찮은 일이 아닐 수 없었다. 비록 둘이 나이도 비슷해 서로를 더욱 잘 알고, 또한 크릭이 재혼하기 전에는 점심 시간이나 저녁 식사 시간에 자주 만나 과학을 논하던 사이였지만 말이다.

만일 그들이 서로 다른 나라에 살았더라면 문제는 달랐을 것이다. 영국이라는 좁은 나라는 유명인사들 대부분이 인척관계는 아니라 해도 그만큼 서로 잘 알고 지내는 사이인 데다, 영국식 기사도 정신으로 무장되어 있어, 크릭이 윌킨스의 연구에 느닷없이 뛰어드는 일 같은 것은 용납되기 힘들었다. 기사도 정신이라고는 조금도 없는 프랑스에서라면 이는 문제되지 않았을 것이다. 미국도 마찬가지다.

---

2 · 런던 대학(University of London)의 분교(division)로, 케임브리지의 킹스 대학과 혼동하지 마시오.

모리스 윌킨스

버클리의 누군가는 캘리포니아 공과대학(Cal Tech)의 어떤 사람이 먼저 시작했다는 이유로 동일한 주제에 대한 연구를 포기하지는 않을 테니까. 그러나 영국에서는 그런 일이 생각처럼 간단치 않았다.

설상가상으로 윌킨스가 DNA 연구에 대하여 그다지 열성적이지 않았기 때문에 크릭은 계속해서 실망하고 있었다. 크릭의 입장에서 볼 때, 윌킨스는 중요한 문제가 닥쳐도 너무나 느리게, 지나치게 신중한 태도로 접근하는 것 같아 답답할 뿐이었다. 이는 지능이나 상식의 문제가 아니었다. 윌킨스는 분명히 둘 다 지니고 있었다. 누구보다도 먼저 DNA 연구에 뛰어든 사람이 바로 윌킨스였다는 점이 이를 말해준다. 이런 사정으로 해서 폭탄이라도 손에 쥔 듯 DNA에 신중하게 접근하는 윌킨스에게 크릭은 뭐라 말할 수 없는 처지였다. 게다가 그 무렵 윌킨스는 조수인 로잘린드 프랭클린이라는 여자한테 신경을 온통 빼앗기고 있었다.

윌킨스가 로지(Rosy, 로잘린드 프랭클린의 애칭이다)를 사랑했다는 말이 아니다. 오히려 그녀가 윌킨스 실험실에 도착한 순간부터 둘의 사이는 삐걱거리기 시작했다. X선 회절법에 관해 초보자였던 윌킨스는 노련한 결정학자인 프랭클린이 전문가다운 손길로 자신을 도와 연구에 박차를 가해주길 희망했다. 그러나 프랭클린은 그러한 사정을 무시했다. 프랭클린은 자신도 DNA 연구를 직접 하겠다고 나섰으며, 자신은 윌킨스의 조수가 아니라고 정면으로 대응한 것이다.

윌킨스는 얼마간의 적응 기간이 지나면 프랭클린이 자신을 따라줄 것이라 기대했지만 그녀는 쉽사리 뜻을 굽히지 않았다. 프랭클린은 겉으로 보아 여성스러움과는 거리가 먼 여자였다. 인상이 강하긴 했으나, 매력도 없지 않아서 옷에 조금만 신경 썼더라면 깜짝 놀랄 만한 미인으로 변신할 수 있었을 것이다. 그러나 그녀는 옷이나 외모에는 전혀 신경을 쓰지 않았고, 검은 생머리에 어울릴 법한 립스틱도 바르지 않았다. 게다가 31세의 과년한 나이임에도 언제나 문학소녀를 연상케 하는 옷차림을 하고 다녔다. 마치 결벽증이라도 있는 어머니가 자신의 영리한 딸이 혹 변변치 못한 사내와 결혼이라도 하면 어쩌나 싶어, 이를 막으려고 고리타분한 전문가 근성이 몸에 배도록 키운 듯했다. 하지만 사실 그녀는 은행업을 하는 단란하고 박식한 가정 출신이었다. 그녀의 주눅들지 않는 연구 태도와 고집스러운 생활이 도대체 어디에서 연유했는지 설명할 도리가 없었다.

둘의 사이가 이렇게 되고 보니 해결책이라고는 프랭클린이 떠나거나, 아니면 윌킨스가 그녀를 받아들이는 수밖에 없었다. 고집불통인 그녀의 태도를 감안할 때, 윌킨스가 안심하고 DNA 연구에 몰두하기 위해서는 그녀가 떠나는 것이 더 바람직했다. 프랭클린의 이런 뻣뻣한 태도에 나름대로 사정이 없는 바는 아니었다. 킹스 대학에는 남성용 휴게실과 여성용 휴게실이 있었는데 여성용 휴게실은 음침하고 보잘것없었던 반면, 남성용 휴게실은 돈을 들여 아늑하게 꾸며놓아 모닝커피를 마시기에 좋았다. 물론 윌킨스의 책임은 아니었지만, 이런 사소한 것조차 프랭클린에겐 견디기 힘든 불만거리였다.

안타깝게도, 윌킨스에게는 프랭클린을 쫓아낼 명분이 없었다. 그녀에게 몇 년간 함께 일하자고 먼저 청한 것도 자신이었기 때문이었다. 그녀의 머리가 비상하다는 점 또한 인정하지 않을 수 없었다. 만일 그녀가 감정을 조금만 억누를 수 있었다면 그를 정말로 잘 도왔을 것이다. 그러나 두 사람의 관계가 개선되기를 바라고 기다리는 것은 무모한 도박과도 같았다.

그 이유는 미국 캘리포니아 공과대학의 세계적인 화학자 라이너스 폴링에게서도 찾을 수 있다. 그는 연구에 대해서라면 영국식 페어플레이 정신 같은 것은 조금도 개의치 않을 사람이었다. 이제 막 50대에 들어선 폴링 또한 노벨상을 노리고, DNA에 관심을 기울였다. DNA가 모든 분자 중에 가장 중요하다는 사실을, 폴링 같은 정상급 화학자가 모를 리 없었다. 더욱이 명확한 근거도 있었다. 윌킨스는 이미 폴링으로부터 DNA 결정체의 X선 사진을 복사해서 보내달라는 편지를 한 통 받은 상태였다. 잠시 망설인 끝에 윌킨스는 데이터를 좀더 면밀히 검토한 후 보내주겠다고 답했다.

이 모든 일들이 윌킨스를 더욱 불안하게 했다. 그가 물리학을 떠나 생물학에 투신한 것은 오로지 DNA의 중요성을 밝히기 위해서였기 때문이다. 폴링과 크릭이 연합하여 숨이 막힐 정도로 목을 조여오자 윌킨스는 잠도 제대로 못 이룰 지경이었다. 그러나 폴링은 9천 6백 킬로미터나 멀리 있었고, 크릭도 기차로 두 시간이나 떨어진 거리에 있었다. 당장의 문제는 바로 프랭클린이었다. 윌킨스는 이 고약한 연구자에게 어쩌면 자신의 실험실이 가장 만만한 곳일지도 모른다는 생각을 떨쳐버릴 수가 없었다.

03

내가 DNA에 관한 X선 연구에 처음 관심을 갖게 된 것은 윌킨스 덕분이었다. 크릭을 알기 전인 1951년 봄, 살아 있는 세포 내 고분자들의 구조에 관한 소규모 학술대회가 이탈리아의 나폴리에서 개최되었다. 당시 생화학을 연구하기 위해 박사 후 연수과정의 특별연구원으로 유럽에 온 후, 이미 나는 DNA에 상당히 몰두하던 터였다. 대학 4학년 때, 유전자의 본질이 과연 무엇인지 알고 싶은 충동에 사로잡혀 나는 DNA에 관해 특별히 관심을 갖기 시작했다. 그 이후 인디애나 대학의 대학원 시절에는 화학을 배우지 않고도 유전자 문제를 해결할 방법을 모색하기도 했다. 시카고 대학에서 학부 시절을 보낼 때 나의 주요 관심사는 새였다. 골치 아픈 물리학이나 화학은 그저 피하고만 싶은 게으른 내 천성 탓이기도 했다. 이런 나를 두고 인디애나 대학의 생화학 교수들은 유기화학을 공부하도록 권했지만, 소량의 벤젠을 데우기 위해 분젠 버너를 사용하는 것을 보고는 기겁을 하더니 더 이상 아무 소리도 안 했다. 유기화학 공부를 하게 하려다 엉뚱한 폭발사고라도 일어나면 큰일이니 차라리 대강 해서 얼른 졸업이나 시키는 것이 안전하다고 판단했던 모양이었다.

그래서 나는 화학을 제대로 공부하지 않은 채 학위를 취득한 후, 박사 후 연수과정으로 생화학자인 칼카르(Herman Kalckar)의 지도를 받기 위해 덴마크의 코펜하겐으로 갔다. 그때까지만 해도 앞으로의 공부에 화학 지식이 무슨 대수랴 싶어 자신만만하기만 했다. 나의 이러한 생각은 박사학위 지도교수인 이탈리아 미생물학자 살바도르 루리아(Salvador Luria, 1969년 노벨 생리·의학상 수상)에게도 그 원인이 있었다. 이탈리아 출신의 이 미생물학자는 대부분의 화학자를 싫어했고, 뉴욕과 같은 대도시에서 태어나 경쟁밖에 모르는 공부벌레들을 특히 혐오했다. 그러나 예외적으로 칼카르만은 교양 있는 학자로 인정했다. 해서 루리아는 내가 칼카르 밑에서 화학적 연구 방법을 익힌다면 당장 눈앞의 이익만 챙기는 미국 유기화학자들의 신세를 지지 않아도 될 것이라고 생각했던 것이다.

이때 루리아는 주로 박테리아에 기생하는 바이러스(박테리오파지, 짧게 말하면 파지)의 증식을 다루는 실험을 하고 있었다. 당시 유전학자들 사이에는 바이러스가 바로 유전자 본체가 아닐까 하는 견해가 조심스레 대두되고 있었다. 그렇다면 유전자가 무엇인지, 그리고 유전자가 어떻게 복제되는지를 알아내는 최선의 방법은 바이러스의 특성을 연구하는 것이었다. 파지는 가장 단순한 형태의 바이러스였기 때문에, 1940년과 1950년 사이에 유전자들이 어떻게 세포의 유전 현상을 조절하는지를 밝혀내기 위해 많은 과학자들(이들은 파지 그룹으로 불렸다)이 연구에 뛰어들었다. 이 그룹을 이끈 사람은 루리아와 독일 태생의 이론물리학자로 나중에 칼텍의 교수가 된 막스 델브뤽(Max Delbrück, 1969년 노벨 생리·의학상 수상)이었다. 당시 델브뤽은 순전히 유전학적인 접근 방법으로 이 문제를 풀 수 있다고 본 반면, 루리아는 바이러스, 즉 유전자의 화학적 구조를 해결한 후에야 비로소 진짜 답을 구할 수 있을 것이라고 생각했다. 그것의 본질을 알지 못하고는 그 어떤 작용도 설명할 수 없다는 점을 그는 간파했던 것이다. 그러나 이제 와서 자신이 직접 화학을 다시 배울 수는 없었기 때문에, 대안으로 첫 제자인 나를 화학자에게 보내 훈련시키려 했던 것이었다.

나를 단백질 화학자에게 보내느냐 아니면 핵산 화학자에게 보내느냐 하는 문제는 그다지 어려운 선택이 아니었다. DNA는 박테리오파지의 절반에 불과했지만(나머지 절반은 단백질이다), 에이버리의 실험 결과는 DNA가 유전자의 기본 물질임을 강력하게 시사하고 있었다. 그래서 DNA의 화학구조를 결정하는 일이 곧 유전자의 복제 메커니즘을 규명하는 필수 과정이 되는 것은 당연했다. 그렇지만 단백질과 달리 DNA에 대해서는 화학적 연구 결과가 아직 많이 미흡했다. DNA를 연구하는 학자도 얼마 없었고, 이 물질이 뉴클레오티드(nucleotide)라는 수많은 단위물질로 이루어진 고분자라는 점만이 알려졌을 뿐, 유전학자에게 도움이 될 만한 지식도 거의 없었다. 더욱이, DNA를 연구하는 화학자들은 거의 대부분 유전학에는 관심이 없는 유기화학자들이었다. 그러나 다행스럽게도 칼카르만은 예외였다. 1945년 여름에 그는 박테리아 바이러스에 대한 델브뤽의 강연을 듣기 위해 뉴욕의 콜드 스프링 하버 연구소로 왔다. 이때부터 루리아와 델브뤽 두 사람은 코펜하겐에 있는 칼카르의 연구실이 화학과 유전학 기술이 서로 결합되어 새로운 생물학적 결실을 맺을 수 있는 요람이 될 것으로 기대했다.

그러나 이 계획은 완전히 실패작이었다. 칼카르에게서 나는 아무런 자극을 받지 못했다. 미국에 있었을 때와 마찬가지로 그의 실험실에서도 핵산 화학에 관해서는 별로 배운 게 없었다. 일이 이 지경까지 이르게 된 것은, 칼카르의 연구 주제(뉴클레오티드의 물질대사)가 당시 유전학자들에게 즉각적인 관심을 불러일으킬 만한 것이 아니라고 단정지었던 내 탓도 있다. 또 한 가지는 칼카르가 분명 교양을 갖춘 학자이긴 했지만, 나로서는 도통 그의 발음을 알아들을 수가 없었다는 점이다.

그러나 나는 칼카르의 친한 친구인 몰뢰(Ole Maaløe)의 영어 발음은 잘 알아들을 수 있었다. 몰뢰는 막 미국(칼텍)에서 돌아왔는데, 당시 그는 내가 학위를 받기 위해 연구했던 주제인 파지에 대해 큰 관심을 갖고 있었다. 그는 돌아오자마자 예전의 연구 과제를 포기하고 파지에 전적으로 매달렸다. 당시 덴마크에서 파지를 연구하는 이는 오직 그뿐이었었는데, 나와 델브뤽 실험실에서 온 군터 스텐트가 파지를 연구하는 것을 보고 아주 반가워했다. 그리하여 스텐트와 나는 칼카르의 실험실에서 약 5~6킬로미터 떨어져 있는 몰뢰의 실험실을 자주 방문하기에 이르렀고, 이내 몰뢰의 연구실은 활발하게 돌아가기 시작했다.

특별연구원으로서 나는 분명히 칼카르의 지도하에 생화학을 배워야 했기 때문에, 몰뢰와 고전적인 파지를 연구하면서도 때때로 불안감을 느꼈다. 엄격하게 말하자면 나는 계약을 위반하고 있었던 것이다. 더욱이 코펜하겐에 도착한 후 3개월도 안 돼 나는 내년도 계획을 제출하라는 통보를 받았다. 1년 후의 계획 같은 것이라곤 세워두지 않았던 나에게는 간단한 문제가 아니었다. 가장 안전한 길은 칼카르의 지도하에 또다시 1년을 보낼 수 있도록 장학금 연장을 신청하는 것이었다. 생화학에 흥미가 없다고 썼다가는, 연장을 안 해줄 것이 뻔하니, 일단 기한을 연장한 후 계획을 변경하는 꼼수를 부리기로 한 것이다. 그래서 나는 코펜하겐의 활발한 연구 분위기가 좋아 1년 더 머물고 싶다는 편지를 워싱턴으로 보냈다. 기대했던 대로 나는 특별연구원으로 재계약을 했다. 워싱턴에서는 나를 칼카르(심사위원 가운데 몇몇은 개인적으로 칼카르를 알고 있었다)에게 맡겨, 보다 숙련된 생화학자로 훈련시키기로 결정한 것이다.

칼카르의 기분 또한 문제가 될 소지가 있었다. 내가 가뭄에 콩 나듯 연구실에 나타난다는 사실에 그가 얼마나 신경을 쓰고 있었는지는 모르겠다. 어쩌면 대부분의 일상사에 무관심한 편이었던 그는 이를 대수롭지 않게 지나쳤을 수도 있다. 그러나 다행스럽게도 정말 예기치 않았던 사건으로 나는 마음의 부담을 완전히 털어버릴 수 있게 되었다.

12월의 어느 날 아침 일찍 나는 칼카르와의 지루하고 뻔한 대화를 또 어떻게 해야 하나, 걱정 아닌 걱정을 하면서 자전거를 타고 칼카르의 실험실로 갔다. 그날따라 신기하게도 칼카르의 영어가 어지간히 귀에 들어왔다. 그의 말인즉슨, 자신이 곧 결혼생활에 종지부를 찍고 이혼할 중대한 상황에 처해 있다는 것이었다. 실험실에 있는 모든 사람들도 곧 이 사실을 알게 되었다. 내가 코펜하겐에 머무는 동안, 칼카르가 연구에 집중하지 못할 것이 분명해졌다. 일이 이렇게 되고 보니 나는 그에게 생화학을 배워야 하는 의무에서 자동적으로 해방될 수 있었다. 나는 아무 성과 없이 칼카르에게 생화학을 배우기보다는 차라리 워싱턴의 심사위원을 속이는 것이 낫겠다 싶어, 편한 마음으로 몰뢰의 실험실을 부지런히 드나들었다.

나는 박테리오파지를 대상으로 하는 실험이 매우 즐거웠다. 공동 연구를 시작한 지 석 달 만에 몰뢰와 나는 바이러스가 박테리아 안에서 복제하여 3백~4백 개의 새로운 바이러스 입자로 증식되는 일련의 실험을 끝냈다. 이로 인해 한 편의 뛰어난 논문을 쓸 데이터가 충분히 축적되었는데, 이 정도면 그해의 나머지는 그냥 놀아도 아무도 탓할 사람이 없을 정도의 성과였다. 하지만 다른 한편, 냉정하게 짚어보자면 유전자가 무엇이고 또 유전자가 어떻게 복제되는지에 대해서는 아무런 소득을 얻지 못한 것도 분명했다. 그것은 내가 화학을 제대로 모르는 한, 피할 수 없는 한계였다.

그해 봄, 나는 나폴리에 있는 동물학 연구소로 가자는 칼카르의 제안을 기꺼이 받아들였고, 거기에서 4월과 5월 두 달을 보내기로

1951년 3월 코펜하겐 이론물리학 연구소에서 개최된 미생물유전학회에서 찍은 스냅 사진.
앞줄(왼쪽부터): 몰뢰, 라타르옛, 볼만. 뒷줄(왼쪽부터): 보어, 비스콘티, 에린스바드,
바이델, 히덴, 보니파스, 스텐트, 칼카르, 라이트, 왓슨, 웨스터가드

결정했다. 나폴리로의 여행은 의미가 아주 컸다. 봄이 후딱 지나가 버리는 코펜하겐에서는 뚜렷이 할 일도 없었다. 그보다는 나폴리의 찬란한 햇빛을 즐기며, 지중해 해양동물들의 배아 발생과 관련된 생화학을 배우는 편이 훨씬 신날 듯했다. 게다가 나폴리는 내가 조용히 유전학 서적을 읽기에도 더없이 좋은 장소일 것이라 생각했다. 그러다 유전학 실험에 지치면 생화학 책도 읽어보리라. 나는 망설임 없이 칼카르와 나폴리까지 동행하도록 허가해달라는 편지를 미국으로 보냈다. 이내 즐거운 여행이 되기를 바란다는 격려와 함께 여행 경비로 2백 달러 수표까지 동봉된 답장이 날아들었다. 나폴리의 강렬한 태양을 향해 출발하면서도 내 마음 한구석은 여전히 찜찜했다.

04

윌킨스 또한 나와 마찬가지로 뚜렷한 연구 목적을 가지고 나폴리에 온 것은 아니었다. 런던에 있던 그가 이곳 나폴리까지 여행 온 것은 그의 지도교수인 랜들(J. T. Randall) 교수가 준 뜻밖의 선물이었다. 원래 랜들 교수는 나폴리에서 개최되는 고분자 학회에서 그가 최근에 세운 생물물리학 실험실에서 연구한 논문을 발표하기로 계획이 잡혀 있었다. 그런데 랜들 교수에게 사정이 생겨 참석하지 못하게 되자, 윌킨스를 대신 보낸 것이다. 만일 아무도 참석하지 않을 경우, 그의 킹스 대학 실험실의 위상이 흔들릴 것을 우려했기 때문이다. 게다가 생물물리학 연구실을 세울 때 그는 국고에서 어렵게 많은 기금을 받았는데, 그 돈이 쓸모없이 낭비되었다는 의혹을 받을 수도 있었기 때문이다.

이번과 같이 이탈리아에서 개최되는 소규모 회의에서 대단한 논문이 발표될 것이라고는 아무도 기대하지 않았다. 대체로 이 정도의 모임이란 이탈리아 말도 제대로 통하지 않는 몇몇 외국인을 초청해놓고 이탈리아 사람들이 대강 해당 분야의 생색이나 내는 게 보통이었기 때문이다. 초청인사가 단 위에서 유일한 공통언어인 영어로 강연한다 해도 이를 알아듣는 이탈리아 사람도 드물었다. 이러한 회의 때마다 얻을 수 있는 수확이라면 하루 내내 걸리는 유적지 관광이나 경치 좋은 곳을 찾는 견학이었다. 그렇기 때문에 학술회의에서 얻을 수 있는 것은 진부한 연구 결과들뿐이었다.

윌킨스가 도착할 무렵 나는 눈에 띄게 지쳐 있었고, 어서 코펜하겐으로 돌아가고 싶은 마음뿐이었다. 칼카르를 따라나선 것이 애초부터 잘못이었다. 나폴리에 오고 나서 첫 6주 동안 추위에 떨어야 했다. 중앙난방장치가 없어서도 그랬지만, 실내 온도가 형편없이 낮았기 때문이다. 동물학 연구소 안이나 19세기에 지은 6층 건물의 꼭대기에 있는 나의 케케묵은 방에는 온기가 전혀 들지 않았다. 만일 해양동물에 조금이라도 관심이 있었다면, 나는 여러 실험을 했을 것이다. 실험이라도 해서 여기저기 왔다 갔다 하는 것이 도서관에서 책이나 읽는 것보다 훨씬 더 따뜻했을 테니 말이다.

그렇지만 나는 도통 그럴 의욕이 생기지 않았다. 때때로 칼카르가 생화학 실험을 하는 동안에도 나는 아무 일도 하지 않고 우두커니 서 있기만 했다. 이런 와중에 그토록 난해하던 칼카르의 발음이 나의 귀에 들어오기 시작했다. 그러나 그의 말을 내가 이해하게 되었다 해도 별로 소용이 없었다. 논조를 따랐는지 아닌지는 문제도 되지 않았다. 나는 그가 유전자에는 전혀 관심이 없다는 점만을 새

삼 확인했을 뿐이다.

나는 거리를 산책하거나 유전학 초기 시절에 나온 논문들을 읽으면서 대부분의 시간을 보냈다. 때로는 유전자의 비밀을 발견하는 공상에 잠기기도 했으나, 탁월한 아이디어는 하나도 건지지 못했다. 그러다 보니 내가 아무것도 하는 일이 없다는 불안감이 전신을 덮치기도 했다. 어차피 연구를 위해 나폴리로 온 것이 아니라며 애써 자위를 해보았지만 위안이 되지 못했다.

그러나 생물체 내 고분자의 구조에 관한 학술회의에서는 뭐라도 얻을 점이 있을 것이라는 한 가닥 희망을 버리지 않았다. 나는 화학구조 분석에 보편적으로 쓰이는 X선 회절법에 대해 전혀 문외한이었지만, 실제로 논쟁을 통해서 이야기를 나누면 잡지나 논문을 읽는 것보다 훨씬 더 이해가 쉬울 것이라고 낙관하고 있었다. 나는 랜들의 핵산 강연에 특별히 관심을 기울였다. 당시만 하더라도 핵산분자의 3차원 입체구조에 관하여 발표된 논문은 전무한 형편이었다. 따지고 보면, 이러한 사정도 내가 화학 공부를 멀리 하게 만든 원인이었다. 화학자들이 핵산에 관하여 이렇다 할 결과를 내지 않고 있는데, 내가 왜 귀찮은 화학 공식을 외우고 공부한단 말인가?

그렇지만 그 강연에서 얻은 것이 없어서 나의 실낱 같은 기대도 산산이 부서졌다. 단백질과 핵산의 3차원 구조에 관한 강연은 대부분 과장이 많았다. 이 연구가 이미 15년 넘게 계속되었는데도, 이렇다 할 결과는 전무했다. 그나마 그 강연에서 확신을 갖고 발표되는 것이라고는 분야가 워낙 독특하여 논박할 사람이 아예 없는 경우였다. 그러기에 논문의 수준 또한 조잡하기 이를 데 없었다. 사실상 칼카르를 포함하여 생화학자들 모두가 X선을 연구하는 사람들의 주장을 이해하지 못한다 하더라도 이에 대해 이의를 제기하는 사람은 아무도 없었다. 차라리 그 잠꼬대 같은 내용을 따라가기 위해 복잡한 수학을 배우지 않길 잘했다고 치부하기 일쑤였다. 이런 까닭에 나의 스승 중 어느 누구도 앞으로 내가 X선 결정학자와 공동 연구를 하리라고는 짐작도 하지 못했다.

그러나 윌킨스는 나를 실망시키지 않았다. 그가 랜들을 대신하여 참석했다는 사실은 문제가 되지 않았다. 어차피 나는 두 사람 모두를 모르는 처지였기 때문이다. 그의 강연은 매우 훌륭했을뿐더러 여타 논문들에 비해 월등히 뛰어났다. 이들 중 몇몇은 그 학회의 목적과 전혀 동떨어진 논문이었는데, 다행히도 모두 이탈리아어로 발표되었기에, 초청된 외국 인사들이 딴청을 피워도 전혀 실례가 되지 않았다. 또 그 당시 나폴리 동물학 연구소에 객원교수로 와 있던 유럽의 생물학자들도 몇 명 있었으나 그들의 발표에도 고분자구조는 별로 언급되지 않았다. 그러나 DNA를 찍은 윌킨스의 X선 회절 사진은 인상적이었다. 강연이 끝날 무렵 스크린에 확 비쳐진 그 사진은 이전의 것들에 비해 해상도가 훨씬 높았다. 윌킨스는 이것이 DNA의 구조를 나타내는 결정적인 사진이라고 짧고 간결하게, 그리고 차분한 어조로 설명했다. 이것으로 이제 DNA의 구조가 밝혀진다면, 유전자가 어떻게 작동하는지를 이해하는 데 아주 유리한 입장을 확보한 셈이다.

무슨 이유에서인지 이때부터 갑자기 나는 화학에 깊은 매력을 느끼기 시작했다. 윌킨스의 강연을 듣기 전만 해도, 나는 유전자라는 것이 매우 불규칙한 것일 거라고 단정했었다. 그러나 이제 유전자가 하나의 결정체로 도출될 수 있음을 알았으니, 적절한 방법만 강구한다면 유전자의 규칙적인 구조를 알아낼 수 있을 것이라고 생각했다. 이때 윌킨스와 DNA를 공동으로 연구하면 어떨까 하는 생각이 얼른 떠올랐다. 나는 강연이 끝나자마자 그를 찾아갔다. 분명히 그는 강연에서 말한 것보다 훨씬 더 많은 내용을 가지고 있을 거라고 믿었기 때문이다. 과학자는 절대적으로 정확하다는 확신이 서지 않으면 대중에게 말하기를 주저하는 법이다. 하지만 그와 직접 말할 기회는 얻지 못했다. 윌킨스는 이미 어디론가 자취를 감추고 없었다.

이튿날, 참가자 전원이 파에스툼에 있는 그리스 신전으로 관광에 나섰을 때, 나는 가까스로 윌킨스를 다시 만날 수 있었다. 버스를 기다리는 동안, 말을 걸기 시작했고 내가 DNA에 얼마나 관심이 큰지를 설명했다. 그러나 윌킨스의 답을 듣기도 전에 차에 타야 했고, 나는 미국에서 방금 도착한 누이 엘리자베스를 버스 안에서 만나 나란히 앉을 수밖에 없었다. 그리고 우리는 신전에서 모두 뿔뿔이 흩어졌다. 그러던 중 드디어 천재일우의 기회가 왔다. 윌킨스가 어떻게 내 누이의 미모를 알아보았는지 함께 점심을 먹고 있는 모습이 눈에 들어왔던 것이다. 나는 속으로 몹시 기뻤다. 지난 몇 년 동안 엘리자베스에게 멍청한 녀석들이 추근대는 것이 늘 걱정이었는데, 이제 갑자기 누이동생의 인생이 확 열리겠구나 하는 안도감도 생겼다. 동생이 얼간이한테 시집가는 것이 아닌가 하는 염려는 접어도 좋을 것 같았다. 뿐만 아니라 윌킨스가 진정으로 내 누이를 좋아하게 되면, DNA에 대한 X선 연구를 자연스럽게 함께할 기회가 오리라는 것은 자명한 이치였다. 그래서 나는 윌킨스가 "실례했군요" 하고 자리에서 일어나 저만치 떨어져 앉아도 실망하지 않았다. 예절바른 그는, 나와 내 누이동생 간에 긴밀히 나눌 대화가 있을 것이라 생각했을 것이다.

그러나 우리가 관광을 끝내고 나폴리에 도착하자마자, 윌킨스와 함께 연구하면 무엇인가를 이룰 수 있겠다는 나의 몽상은 말 그대로 공상으로 끝나고 말았다. 윌킨스는 우리에게 가벼운 목례로 인사를 대신하고는 자신이 묵고 있는 호텔로 떠나버렸다. 내 누이의 미모도 DNA에 대한 나의 열정도 그를 유혹하지 못한 것이다. 그와 함께 런던에서 일하고 싶다는 염원은 물거품이 되고 말았다. 우울한 기분으로 코펜하겐으로 가는 내내 나는 이제 더 이상 생화학 따위에 기웃거리지 않겠다고 마음속으로 다짐했다.

05

윌킨스는 점차 잊혀졌지만, 그가 보여준 DNA의 X선 사진은 잊을 수가 없었다. 어쩌면 생명의 신비를 풀 수도 있을 것 같은 그 열쇠는 잠시도 내 머리를 떠나지 않았다. 그러나 정작 내가 그 열쇠인 DNA의 비밀을 풀 수 없다는 사실은 나를 그다지 괴롭게 하지 않았다. 어떤 연구를 수행하는 데 모험이라고는 전혀 시도해본 적 없는 고리타분한 학자가 되기보다는 유명해진 나 자신을 미리 상상하는 것이 훨씬 더 나았다. 때마침 라이너스 폴링이 단백질 구조의 일부를 밝혔다는 소식이 나에게 용기를 주었다. 나는 스위스 제네바에서, 칼텍에서 겨울 학기 연구를 막 끝내고 돌아온 파지 연구자 장 바이글(Jean Weigle)로부터 그 소식을 들었다. 그는 스위스로 귀국하기 직전 폴링이 강의실에서 발표하는 것을 직접 듣고 온 터였다.

바이글이 전하는 바에 따르면 폴링의 강의는 재치가 넘쳤다고 한다. 마치 일생을 쇼 무대에서 보낸 사람처럼 그는 타의 추종을 불허하는 달변을 구사했으며 자신이 고안한 아이디어 모형을 커튼으로 가렸다가, 강의가 끝날 무렵에야 학생들에게 자신 있게 보여주었다고 한다. 그 모형을 가지고 알파 나선(α-helix)의 타당성을 구체적 증거를 들며 설명할 때 그의 눈에는 광채가 번쩍이는 듯했고 강의 또한 너무나 열정적이고 탁월해서 학생들은 수업에 흠뻑 빠져들었다고 한다. 이 세상에 폴링 같은 학자가 또 있을까 싶을 정도로 학생들은 그에게 매료되었다고 한다. 그의 비범한 지성과 매력적인 미소는 아무도 흉내낼 수 없는 그만의 것이었다. 그러나 이를 지켜보아야 하는 동료 교수들의 표정은 묘하고 착잡했다. 그들은 폴링이 교탁 주위를 이리저리 오가며 마치 마술사가 장화에서 토끼를 끄집어내듯 현란한 손동작을 하는 것을 못마땅하게 여겼다. 만일 그가 조금만 겸손하게 굴었다면 동료 교수들한테 그렇게 인심을 잃지는 않았을 것을! 워낙 인기가 높았기에 설사 그가 틀린 말을 해도 학생들은 그것을 그대로 받아들일 정도였다. 하지만 그의 동료 교수들 가운데는 폴링이 언젠가 큰 실수를 저질러 나무에서 떨어지는 원숭이 꼴이 나기를 은근히 기다리는 사람들도 많았을 것이다.

그 당시 바이글은 폴링의 알파 나선 모형이 옳은지 그른지에 대해 나에게 말할 위치가 아니었다. X선 결정학자가 아니었기 때문에 그 모형을 전문가적인 입장에서 판단할 수 없었던 것이다. 그러나 구조화학을 배운 그의 젊은 친구들 몇몇은 알파 나선 모형이 매우 그럴듯하다고 여겼다. 따라서 바이글도 알파 나선 모형에 관한 폴링의 이론이 옳다고 믿었다. 만일 그렇다면 폴링은 또 한 번 위

대한 업적을 남기는 셈이었다. 그는 생물학적으로 중요한 고분자의 구조를 정확하게 밝힌 최초의 과학자가 되는 것이다. 생각컨대 그렇게 될 때, 그는 그 방법을 핵산 연구로까지 확장해서 세상을 놀라게 할 수도 있을 것 같았다. 그러나 바이글이 전하는 바에 따르면 폴링이 아직 새로운 방법까지 고안한 것은 아니었다. 다만 알파 나선 모형에 관한 논문이 곧 발표되리라는 것만은 확실했다.

코펜하겐으로 돌아왔을 때 폴링의 그 논문이 실린 잡지가 이미 도착해 있었다. 나는 재빨리 논문을 읽었다. 읽고 또 읽었지만 너무 어려워서 잘 이해가 되지 않았고, 논문의 요지만 대강 짐작할 뿐, 그 타당성 여부는 판단할 수가 없었다. 한 가지 확실한 것은 폴링이 참으로 멋진 문장을 구사했다는 점이었다. 며칠 후 그 잡지의 다음 호가 도착했고, 폴링의 논문이 7편이나 더 게재되어 있었다. 그 논문들 역시 현학적이고 멋진 수사학적 표현들로 가득 차 있었다. 그중한 논문은 "콜라겐은 아주 재미있는 단백질이다"라는 구절로 시작했다. 나는 이 글을 보고 만일 내가 DNA의 구조를 해결한다면, 논문의 첫 줄을 어떻게 시작할 것인가를 생각해보았다. "유전자는 아주 재미있는 물질이다"라고 시작한다면, 이는 나와 폴링의 사고방식의 차이를 잘 나타내주는 사례가 될 것이다.

그래서 나는 X선 회절 사진을 해석하는 방법을 배울 수 있는 장소를 물색하기 시작했다. 칼텍은 일단 제외했다. 폴링은 수학에 젬병인 나 같은 생물학도를 일일이 가르치기엔 너무 유명해져 있었다. 그렇다고 윌킨스에게 다시 부탁하기도 싫었다. 이러한 상황에서 마지막 남은 곳은 영국의 케임브리지였다. 나는 거기에서 막스 페루츠라는 사람이 생체고분자, 특히 헤모글로빈 단백질의 구조에 관심을 갖고 있다는 것을 알게 되었다.

그래서 나는 루리아에게 편지를 보내 나의 최근 심정을 알렸다. 그리고 케임브리지 대학으로 가고 싶은데 어떻게 하면 좋겠느냐고 상의했다. 문제는 전혀 엉뚱한 곳에서 풀렸다. 내 편지를 받은 직후, 루리아는 앤 아버에서 개최된 소규모 학회에 참가했는데, 거기서 그는 페루츠의 공동 연구자인 존 켄드루(John Kendrew, 1962년 노벨 화학상 수상)를 만난 것이다. 다행히도 켄드루는 루리아에 대해 호의적이었다. 칼카르처럼 그는 교양이 넘쳤고, 게다가 노동당 지지자였다. 때마침 케임브리지 대학에서도 사람이 부족하던 터라 켄드루도 미오글로빈(myoglobin)이라는 단백질 연구에 합류할 사람을 찾는 중이라고 했다. 루리아는 내가 그 자리에 적임자라고 추천한 뒤 즉각 나에게 이 소식을 전했다.

나의 첫 특별연구원 기간이 만료되기 꼭 한 달 전인 8월 초의 일이었다. 나는 연구 계획에 변경이 생겼다는 사실을 얼른 워싱턴에 알려야 했다. 하지만 아직 공식적으로 케임브리지에서 허락을 받지 않은 터라, 통보가 올 때까지 미루기로 했다. 무슨 일이든 잘못될 가능성은 항상 있는 법이다. 나는 페루츠와 먼저 개인 면담을 하고 난 뒤 그에게 편지를 보내는 것이 옳다고 생각했다. 그래야만 내가 케임브리지에서 하려고 하는 일에 대해서도 상세히 설명할 수 있을 것이기 때문이다. 그러나 나는 곧 떠날 수 없었다. 나는 다시 실험실로 돌아와 별로 재미도 없는 실험을 계속했다. 또한, 머지 않아 코펜하겐에서 국제소아마비학회가 열릴 예정이었다. 그 회의에는 내로라 하는 박테리오파지 전문가들이 대거 참가하는데, 델브뤽도 명단에 포함되어 있었다. 그러면 칼텍의 동료 교수인 폴링의 최근 동향에 대해 많은 소식을 전해줄지도 모른다고 생각했다.

그러나 델브뤽에게서는 이렇다 할 소식을 얻을 수 없었다. 그는 알파 나선 자체는 의미가 있을지 모르겠으나 생물학적으로는 그 의의를 찾기 힘들다고 했다. 그는 DNA에 관해 말하기조차 귀찮아하는 기색이었다. 내가 멋진 DNA의 X선 사진에 대해 말해도 반응이 없었다.

나는 델브뤽의 무뚝뚝함에 실망해 풀이 죽을 뻔했지만 소아마비학회가 유례없는 대성황을 이뤘기 때문에 부지런히 학회를 쫓아 다녔다. 수백 명의 참가자들이 도착한 그날부터, 국제적인 친선을 도모하는 이곳저곳에서 미국 측에서 제공한 공짜 샴페인을 터뜨렸다. 1주일 내내 저녁마다 환영회다, 만찬회다 하여 뻔질나게 행사가 개최되었고, 그것이 끝나면 해안의 거리로 몰려나가 2차 술자리를 즐겼다. 몰락해가는 유럽의 귀족사회를 연상시키는 이러한 호화생활은 나로서는 처음 경험하는 일이었다. 과학자의 생활이란 게 지적인 면에서뿐만 아니라 사회적으로도 퍽 재미있겠구나 하는 생각이 점차 나의 머릿속에 자리 잡기 시작했다. 어쨌든 나는 아주 흡족한 기분이 되어 영국으로 향했다.

06

점심 무렵이 조금 지나 연구실로 페루츠를 찾아갔더니 마침 자리에 있었다. 켄드루는 아직 미국에 있었지만 그가 미리 편지를 보내놓았기 때문에 페루츠는 나의 방문을 알고 있었다. 나는 페루츠에게 X선 회절법에 관해서는 전혀 아는 바가 없다고 솔직하게 털어놓았다. 그러자 그는 자신과 켄드루도 학부 시절에는 화학만 공부했으며 앞으로 고등수학이 필요한 것도 아니니 너무 괘념치 말라고 오히려 격려해주었다. 다만 X선 결정 사진을 찍으려면 결정학 이론서 한 권 정도는 참고 삼아 읽어두는 것이 좋겠다고 충고해주었다. 그 한 예로 페루츠는 폴링의 알파 나선을 검증하기 위한 간단한 아이디어를 제시하며, 하루 정도면 충분히 이를 검증할 사진을 찍을 수 있을 것이라고 했다. 그러나 나는 켄드루가 말하는 바를 전혀 이해하지 못했다. 나는 결정학의 가장 기초 개념인 브래그의 법칙(Bragg's Law)조차도 알지 못했기 때문이다.

우리는 일단 앞으로 머물 하숙집을 구하러 나섰다. 페루츠는 친절하게도 내가 기차역에서 곧장 연구실로 달려온 것을 알고는, 우선 대학 구내부터 구경하자며 킹스 대학을 구석구석 소개해주었다. 그는 뒤뜰을 지나 트리니티 대학의 그레이트 코트까지 안내했는데 나는 여태까지 그렇게 아름다운 건물을 본 적이 없다. 이 아름다운 건물을 보는 순간 생물학자로서 따분하게 사는 데 대한 막연한 불안감이 순식간에 사라졌다. 그래서 하숙이 가능하다는 습기 차고 어두운 방을 둘러보았을 때도 그렇게 우울한 기분이 들지 않았다. 한때 찰스 디킨스의 소설에 푹 빠져 지낸 적이 있던 나는 영국인들도 부정하는 운명을 너끈히 이겨낼 자신이 생겼다. 그리하여 실험실에서 걸어서 10분 남짓한 거리의 전망 좋은 2층 집에 하숙방을 구했을 때는 속으로 만세라도 부르고 싶은 심정이었다.

다음날 아침 나는 페루츠의 권고에 따라 브래그 경을 만나러 캐번디시 연구소로 갔다. 내가 도착했다는 전갈을 받고, 브래그 경은 2층 연구실에서 내려오더니 나에게는 몇 마디 묻지도 않고 이내 페루츠만 데리고 별실로 들어갔다. 몇 분 후 다시 나타난 브래그 경은 캐번디시에서 일해도 좋다며 나를 공식적으로 받아들였다. 이 간단한 통과 절차를 집행하는 그의 일거수일투족은 그야말로 완고한 영국식 그대로였다. 나는 흰 수염을 기른 브래그 경을 바라보면서 문득 아테네 신전 같은 런던 클럽에 앉아 하루를 명상으로 보내는 노인의 모습을 떠올렸다.

이토록 완고해 보이고 한물간 듯한 영감과 함께 일하게 되리라고는 생각조차 해본 적이 없었다. 그가 과학사에 남을 만한 뛰어난 업적을 남긴 것은 사실이지만, 그것은 1차대전 이전의 일이어서, 사실상 그는 은퇴한 거나 다름 없다고 생각했다. 더구나 이런 상황에서 그가 과연 유전자에 일말의 관심이라도 있을까 싶어 걱정부터 앞섰다. 어쨌든 나는 브래그 경에게 나를 받아준 데 대해 공손히 감사를 표했다. 그리고 미카엘 축제가 끝나는 3주 후에 정식으로 오겠다고 말한 후, 짐을 꾸리기 위해 코펜하겐으로 돌아갔다.

그간의 전후 사정을 칼카르에게 말하자, 그는 내가 결정학자가 될 수 있는 길이 열렸다며 매우 기뻐했다. 그는 변경된 내 계획을 그대로 승인한다는 편지를 워싱턴의 특별연구원 사무실에 속달로 발송했다. 동시에 나도 바이러스의 증식에 관한 최근의 생화학적 실험은 그리 중요하지 않을 것이라고 생각한다는 편지를 워싱턴으로 보냈다. 그리고 나는 다음과 같은 수정된 계획을 알리며 승인을 요청했다. 유전자들이 어떻게 작용하는지를 규명할 수 있다고 믿었던 고전적인 생화학은 포기하고 싶다, X선 결정학이야말로 유전학의 핵심을 아는 열쇠이다, 나는 케임브리지 페루츠의 실험실에서 결정학을 연구하고 싶다.

이에 대한 승인이 올 때까지 코펜하겐에 있는 것은 시간만 낭비하는 꼴이었다. 한 주 전에 몰뢰는 1년 계획으로 칼텍으로 떠났고, 나는 여전히 칼카르 식의 생화학을 철저히 외면하고 있었다. 공식적으로 보면 코펜하겐을 떠나는 것은 계약 위반이었지만, 나는 나의 신청이 거절되지는 않을 것이라고 믿었다. 칼카르의 변덕은 이미 세상이 다 아는 바였고, 그리하여 워싱턴에서도 내가 왜 아직까지 코펜하겐에 머무르는지 의아해하고 있을 정도였으니 말이다. 칼카르가 용심을 부려 내가 실험실에도 잘 붙어 있지 않는다고 워싱턴에 고자질을 한다 해도 이미 어쩔 수 없는 일이었다.

워싱턴에서 나의 신청이 거절되리라고는 상상도 해보지 않았다. 하지만 케임브리지로 돌아온 지 10일 만에 칼카르가 그 우울한 소식을 다시 나에게 전해주었다. 특별연구원 위원회가 나의 진로 변경을 승인하지 않는다는 실망스런 내용이었다. 나는 결정학 연구에 적합한 인물이 아니니 계획을 재고하라는 말이었다. 대신 특별연구원 위원회는 스톡홀름에 있는 카스페르손(Caspersson)의 세포생리학 실험실로 간다면 이는 허용하겠다고 했다.

특별연구원 위원회의 위원장이 바뀐 것이 문제였다. 칼카르의 인정 많은 친구이자 생화학 친구인 한스 클라크(Hans Clarke)가 컬럼비아를 막 떠나려던 참이었으므로 나는 그에게 편지를 보내는 대신, 젊은 사람 지도에 관심이 더 많은 신임 위원장에게 편지를 썼었다. 그러나 그는 생화학에서는 배울 것이 없으니 이를 포기하고 싶다는 편지를 보고 내 태도가 도를 넘어섰다고 여기고 화가 났던 것이다. 나는 루리아에게 도움을 청하는 편지를 썼다. 그와 신임 위원장은 친분이 있는 사이였기 때문에, 나의 결정이 타당한 전망으로 비쳐지기만 한다면 결정이 번복될 수도 있다고 생각한 것이다.

처음에는 루리아의 중재로 상황이 변할 것 같기도 했다. 조금만 참으면 상황이 원만히 수습될 것이라는 편지가 루리아에게서 왔을 때 나는 기뻐하며, 케임브리지에 가고 싶어하는 주요 동기가 식물 바이러스를 연구하는 영국의 생화학자 로이 마컴(Roy Markham)이 있기 때문이라는 편지를 워싱턴으로 보낼 준비를 하고 있었다. 내가 그의 연구실을 찾아가 최소한 실험 장비가 비치된 실험실을 어지럽힐 염려는 없는 모범학생이니 제발 받아달라고 사정했을 때, 마컴은 이를 기꺼이 승낙했다. 그는 내 태도를 천박한 미국 사람들이 흔히 저지르는 무례한 행태로 여겼으나 어쨌든 나를 받아주기로 약속했다.

나는 마컴이 불평하지 않을 것이라는 확신이 있었기 때문에, 페루츠와 마컴과 공동 연구를 하여 내가 얼마나 득을 볼 수 있는지 밑그림을 그리면서, 겸손하게 워싱턴으로 보낼 장문의 편지를 썼다. 편지 말미에는 결정이 내려질 때까지 케임브리지에 머물겠다는 의견까지 정직하게 덧붙였다. 그러나 워싱턴의 신임 위원장은 고집을 꺾지 않았다. 답장이 칼카르의 실험실에 도착한 것만 봐도 짐작할 만한 일이었다. 특별연구원 위원회가 나의 입장을 고려하고 있으니 결정이 내려지면 알려주겠다는 것이었다.

매월 초 코펜하겐으로 보내주는 수표를 현금으로 바꾸는 일은 현명한 일이 아닌 듯했다. DNA를 연구하게 되면 다음해부터 돈이 지급되지 않을 수 있었지만 아직은 치명적인 상황이 아니었다. 코펜하겐에 있었을 때 내가 받았던 3천 달러의 특별연구원 수당은 유복한 덴마크 학생으로 사는 데 필요한 돈의 세 배나 되었다. 최근에 여동생이 구입한 최신 유행의 파리 스타일 여성복 두 벌 값을 부담하

고도 아직 1천 달러나 남아 있었다. 이 돈이면 케임브리지에서 1년
은 충분히 머물 수 있을 것 같았다. 하숙집 안주인도 상황을 거들었
다. 거주한 지 한 달도 채 못 되어 나는 하숙집에서 쫓겨났다. 그 이
유는 그녀의 남편이 자러 가는 시간인 오후 9시 이후에 집에 들어오
면서 신발을 치우지 않았다는 것이다. 또한 나는 같은 시간에 화장
실 물을 내리지 말라는 권고사항을 가끔 잊었고, 가장 치명적이었던
것은 가게들이 모두 문을 닫는 오후 10시 이후에 외출한 것이다. 그
녀는 나의 야간 외출 동기도 의심스러워했다.

결국 켄드루 부부가 자기 집의 자그마한 방을 거의 공짜로 빌려
주어서 잠을 해결하게 되었다. 그 방은 믿을 수 없을 만큼 축축했고
난방은 오래된 전열기로만 해결되었지만 나는 그들의 제안을 감사
히 받아들였다. 결핵에라도 걸릴 것 같은 방이었지만, 친구와 같이
사는 것만으로도 어떤 하숙집보다 훨씬 더 낫다고 생각했던 것이다.
나는 호주머니 사정이 좋아질 때까지 그곳에 머물기로 결심했다.

07

케임브리지의 실험실에 간 첫날, 나는 이곳을 쉽게 떠나지 않으리라고 내심 다짐했다. 프랜시스 크릭과는 몇 마디 나눠보지도 않고 이내 말이 통하는 사이가 되었다. 페루츠의 실험실에서 DNA가 단백질보다 더 중요하다는 것을 아는 사람과 만나다니! 시작부터가 기분이 좋았다. 더욱이 그는 단백질의 X선 분석법에 능통한 터라 나는 이를 따로 배우지 않아도 되었다. 점심을 앞에 놓고서도 우리의 대화는 언제나 유전자 구조에 관한 이야기가 주를 이루었다. 내가 도착한 지 며칠 지나지 않아 우리는 앞으로의 계획을 치밀하게 세우기에 이르렀다. 라이너스 폴링과 같은 실험법으로 연구를 해서 그를 보기 좋게 제압하자는 것이었다.

폴링이 폴리펩티드 사슬(polypeptide chain)의 구조를 밝힌 것을 보고, 크릭은 똑같은 방법을 적용하여 DNA의 구조도 밝혀낼 수 있을 것이라 생각했다. 그러나 주위 어느 누구도 DNA가 생물학의 핵심 요소라고 인정하지 않았기에, 그 복잡한 연구소 내의 인간관계 속에서 크릭은 섣불리 DNA 연구에 달려들지 못했다. 게다가 지난 2년간 크릭은 헤모글로빈 연구를 계속해왔다. 물론 헤모글로빈은 생물학의 핵심 요소가 아니었지만, 포기하기에는 아까운 연구였다. 단백질 연구 분야에서는 풀기 어려운 문제들이 나타나 이론을 전공한 이들의 필요성이 대두되는 시기이기도 했다. 이러한 상황에서 오로지 유전자에 전부를 건 듯 유전자 이야기만 하고 돌아다니는 나를 만났으니, 크릭도 DNA에 관한 자신의 생각 보따리를 전부 풀어놓을 수 있었다. 그렇다고 그가 만사 제쳐놓고 DNA에만 몰두한 것은 아니었다. 1주일에 겨우 몇 시간 정도 나와 함께 머리를 맞대고 의논하는 정도였으니 이 정도면 주위의 눈치를 볼 필요도 없었다.

이렇게 크릭과 죽이 잘 맞아 돌아가다 보니 존 켄드루는 내가 미오글로빈 구조 연구에 전념하지 못하리란 것을 금세 알아차렸다. 그는 말에서 추출한 미오글로빈 결정을 증식시키는 데 계속 실패했는데, 혹 내 도움을 받으면 성공할 수도 있겠다고 기대했던 모양이다. 그러나 미안하게도 내 실험 솜씨란 게 오히려 그에게 방해가 될 정도로 형편없었음이 곧 들통나고 말았다. 케임브리지에 간 지 2주 후쯤 우리는 지역 도축장으로 갔다. 미오글로빈의 결정을 뽑기 위해 말의 심장을 구하기 위해서였다. 손상 없이 미오글로빈의 분자 결정체를 얻으려면 말의 심장을 기술적으로 잘 동결시키는 것이 중요했다. 그러나 아무리 노력해도 나는 켄드루보다 더 나은 결정체를 얻을 수 없었다. 사정이 이러니 설사 켄드루가 나를 연구실에서 쫓아냈다 해도 할 말이 없었지만, 어떤 의미에서 보면 이것은 오히려 나에게 전화위복이 되었다. 만일 내가 그 일을 능숙하게 해냈더라면 나는 X선 사진을 찍는 역할만 해야 했을 것이기 때문이다.

켄드루의 눈 밖에 나고 보니 나는 아예 마음놓고 하루에도 몇 시간씩 크릭과 이야기를 나눌 수 있었다. 그러나 이야기하기 좋아하는 크릭도 유전자나 DNA의 이야기만 몇 시간 계속해서 떠드는 것에는 금세 지쳤다. 그는 이야기를 하다 싫증이 나면 파지에 관한 이야기로 화제를 돌리곤 했다. 때로는 전문지에나 나올 법한 어려운 결정학 지식을 열심히 설명해주기도 했다. 우리의 대화는 특히 라이너스 폴링이 어떻게 알파 나선을 발견했는가와 어떻게 하면 이 알파 나선의 의미를 규명할 수 있는가에 초점이 맞추어졌다.

나는 곧 폴링이 거창하고 복잡한 고등수학이 아니라 단순한 상식을 통해 나선을 발견했음을 알게 되었다. 물론 그의 이론에도 방정식이 등장하기는 한다. 하지만 대개는 말로도 설명할 수 있는 것이었다. 구조화학의 간단한 법칙을 꿰뚫고 있었다는 점이 폴링의 성공 비결이었다. X선 사진을 아무리 들여다본댔자, 알파 나선이 저절로 모습을 드러낼 리는 없잖은가. 여기에서 중요한 점은 한 원자의 바로 곁에 자리 잡을 가능성이 가장 큰 원자는 어떤 것일까 하는 것이었다. 폴링은 연필을 가지고 종이 위에서 계산한 것이 아니라 유치원 아이들이 가지고 놀 법한 분자 모형을 가지고 알파 나선을 생각해냈던 것이다.

우리도 이렇게 하면 DNA의 구조를 밝힐 수 있을 것 같았다. 분자 모형을 만들어 이리저리 끼워맞추다 보면, 운 좋게 DNA의 구조가 나선형으로 맞아떨어질지도 모르는 일이었다. 나선형이 아닌 구조는 나선형보다 훨씬 더 복잡하다. 우선 간단한 것부터 먼저 해보고 그것이 실패하면 그때 가서 좀더 복잡한 모형을 다루기로 했다. 아마 폴링도 처음부터 복잡한 구조에 매달렸더라면 성공하지 못했으리라.

크릭과 나는 처음부터 DNA 분자는 수많은 뉴클레오티드가 규칙적인 방식으로 일렬로 배열되어 있을 것이라고 가정했다. 이는 모르는 것에 대해서는 간단한 것에서부터 출발하자는 소박한 생각에 서였다. 이러한 간단한 배열 양식은 알렉산더 토드(Alexander Todd, 1957년 노벨 화학상 수상)의 연구실 소속 유기화학자들도 생각하고 있었다. 하지만 그들은 아직 뉴클레오티드 사이의 결합이 모두 같다는 것을 화학적으로 증명하지 못하고 있었다. 만약 뉴클레오티드의 배열이 이와 같지 않다면 모리스 윌킨스와 로잘린드 프랭클린이 밝힌 것과 달리 DNA 분자는 결정체를 형성할 수 없을 것이다. 우리는 나중에 다시 하는 한이 있더라도 우선은 당(糖)과 인산기(燐酸基)가 규칙적으로 뼈대를 이루고 있다고 가정했다. 그리고 이러한 전제하에서 당과 인산기가 모두 같은 화학적 환경을 가질 수 있는 3차원적인 나선구조를 찾는 것이 최선의 방법이라고 생각했다.

그러나 우리는 곧 DNA의 구조가 알파 나선과는 다르다는 것을 알아차렸다. 알파 나선은 한 가닥의 폴리펩티드(아미노산 연결체) 사슬이 꼬여서 나선형을 이루고 있었는데, 이 나선은 인접한 기(基) 사이에 형성된 수소결합으로 유지된다. 그러나 크릭이 윌킨스로부터 들은 바로 미루어볼 때 DNA 분자가 한 가닥의 폴리뉴클레오티드 (뉴클레오티드의 연결체) 사슬로 되어 있기에는 그 직경이 너무 크다는 것이었다. 이에 따라 크릭은 DNA 분자가 폴리뉴클레오티드 사슬이 여러 가닥으로 꼬여서 된 복합나선(複合螺旋)일지도 모른다고 생각했다. 이를 확인하자면 나선구조 모형을 만든 뒤, 사슬을 유지하는 힘이 수소결합인지 아니면 음(陰) 인산기로 연결된 염결합(鹽結合)인지를 파악해야 했다.

한편 DNA를 구성하고 있는 뉴클레오티드는 네 종류가 발견되었는데, 이로 인해 문제가 좀더 복잡해졌다. 이런 점에서 보자면 DNA는 규칙적이라기보다는 대단히 불규칙한 분자라고 할 수 있다. 그러나 네 종류의 뉴클레오티드라고 해서 이들이 전혀 다른 것은 아니었다. 이들의 구성 성분 중 당과 인산은 똑같았고 염기(鹽基)만이 서로 달랐다. 즉 이들의 차이는 염기의 차이였다. 이 염기에는 퓨린(purine) 유도체[아데닌(adenine)과 구아닌(guanine)]와 피리미딘(pyrimidine) 유도체[시토신(cytosine)과 티민(thymine)], 이렇게 네 종류가 있었다. 그러나 뉴클레오티드를 연결하는 데는 당과 인산만이 관여하고 있었다. 따라서 모든 뉴클레오티드들의 결합은 동일할 것이라는 우리의 가정은 변함이 없었다. 즉 모형을 만들 때, 당-인산 뼈대는 규칙적으로 하되 염기의 배열순서를 불규칙적으로 조립했다. 염기의 배열마저도 규칙적이라면 DNA 분자는 모두가 똑같아져 그 수많은 유전자를 구별하는 다양성이 사라질 것이라고 생각했기 때

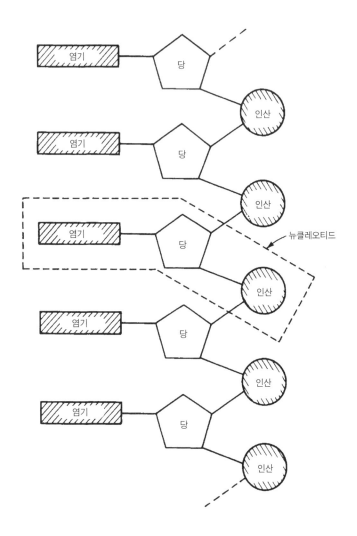

1951년에 알렉산더 토드 연구 그룹이 제안한 DNA 일부분. 뉴클레오티드 사이의 연결은 모두 당의 탄소원자 5번이 이웃하고 있는 뉴클레오티드의 당 탄소원자 3번과 결합하는 포스포디에스테르 결합(phosphodiester bonds)이라고 그들은 생각했다. 유기화학자인 그들은 그 원자들의 3차원 배열 문제를 결정학자들에게 남겨놓은 채, 원자들이 어떻게 함께 연결되어 있는가에 관심을 나타냈다.

문이다.

폴링은 X선 데이터의 도움을 받지 않고 알파 나선을 발견했지만, 그 데이터에 대해서 알고 있었고 어느 정도 그것을 고려하고 있었다. X선 데이터 덕분으로 그는 폴리펩티드 사슬에서 가능한 한 다른 여러 3차원적 구조들을 모두 무시할 수 있었던 것이다. 이 데이터가 정확하면 정확할수록 우리는 그만큼 더 빨리 DNA의 정교한 분자 구조를 밝힐 수 있었다. DNA의 X선 사진을 조금이라도 보아두는 것이 우리가 실패할 확률을 낮추는 것이었다. 다행히도 이미 출판된 잡지에서 제법 쓸 만한 사진 한 장을 구할 수 있었다. 그 사진은 5년 전에 영국의 결정학자 애스트버리(W. T. Astbury)가 찍은 것으로, 우리는 이를 가지고 연구를 시작했다. 만약 이 사진 대신 윌킨스가 갖고 있던 선명한 사진을 이용했더라면 우리의 작업은 6개월 내지 1년쯤 단축될 수도 있었을 것이다. 마음이 쓰라렸지만 그 사진의 소유주가 엄연히 윌킨스였기 때문에 우리로서도 어쩔 도리가 없었다.

우리는 허탕치는 셈치고 윌킨스에게 부탁이나 해보기로 했다. 놀랍게도, 크릭이 윌킨스에게 주말을 케임브리지에서 함께 지내자고 초청하자 그는 이를 흔쾌히 수락했다. 윌킨스에게 DNA의 구조가 나선으로 추정된다는 점을 굳이 말할 필요는 없었다. 우리가 생각하기에 이 사실은 너무도 명백했을 뿐만 아니라 윌킨스 자신도 이미 케임브리지의 여름 회의에서 나선이라는 말을 쓴 적이 있기 때문이다. 내가 케임브리지에 도착하기 약 6주 전에 그는 DNA의 X선 회절 사진을 공개한 적이 있었는데, 그 사진에는 반사점이 전혀 나

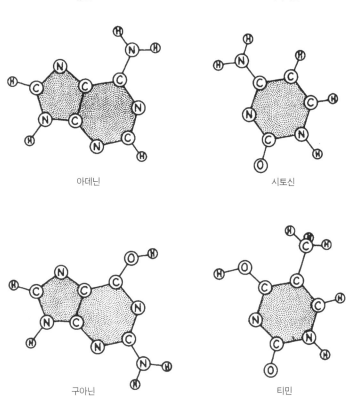

퓨린   피라미딘

아데닌   시토신

구아닌   티민

1951년경에 흔히 그려진 네 종류 DNA 염기의 화학적 구조. 원자 5개 또는 6개로 구성된 환 구조에 전자들이 한 곳에 국한되어 있지 않기 때문에, 각 염기들은 3.4Å의 굵기로 평면 모양을 띠고 있다.

타나지 않았다고 한다. 윌킨스의 동료이자 이론가인 앨릭스 스톡스(Alex Stokes)는 이것이 나선구조를 증명하는 증거라고 말했다고 한다. 이런 결과를 종합해서, 윌킨스는 세 가닥의 폴리뉴클레오티드 사슬이 DNA 분자를 구성하고 있다고 추측했다.

그러나 윌킨스는, 적어도 X선 결과가 나오기 전에는 폴링이 사용한 모형이 DNA의 구조를 해명하는 지름길이라는 우리의 견해에 대하여 동의하지 않았다. 견해가 어긋나다 보니 우리의 화제는 자연히 로지 프랭클린 쪽으로 흘러갔다. 윌킨스와 그녀의 관계는 전보다 더욱 악화된 것 같았다. 이제 그녀는 윌킨스마저도 DNA의 X선 사진을 찍어서는 안 된다고 우겨댄다는 것이었다. 타협 끝에 윌킨스는 할 수 없이 크게 양보하고 말았다. 그동안 그가 연구해온 DNA의 결정을 모조리 그녀에게 양도하고, 그 자신은 다른 DNA를 연구하기로 한 것이다. 그런데 나중에 알고 보니 이 다른 DNA는 도무지 결정체로 만들어지지 않는 것으로 판명됐다.

그 후로 로지는 그녀의 연구 결과를 윌킨스에게 아예 알리지도 않는 지경에까지 이르렀다. 따라서 그녀의 연구 결과를 알려면 적어도 3주 후, 즉 그녀가 세미나를 하기로 예정된 11월 중순까지 기다려야 했다. 이 세미나에서 로지는 지난 6개월간의 연구 결과를 발표하기로 되어 있었다. 로지의 발표장에 윌킨스가 초대했을 때 나는 물론 흔쾌히 수락했다. 그때 처음으로 나는 결정학을 제대로 배우고 싶은 충동을 느꼈다. 로지가 내 머리 위에서 떠들어대는 것을 이해하지 못한대서야 어디 말이 되겠는가.

08

참으로 어처구니없게도, 그로부터 1주일도 지나지 않아 크릭은 DNA에 관한 흥미를 완전히 잃어버리고 말았다. 자신의 아이디어를 동료들이 무시하자 이에 격분한 것이다. 격분의 대상은 다름 아닌 바로 그의 지도교수였다. 사건의 발단은 내가 케임브리지에 간 지 한 달이 채 못 된 어느 토요일 아침에 벌어졌다. 바로 그 전날 막스 페루츠는 브래그 경과 공동으로 작성한 논문 초안을 크릭에게 보여주었다. 헤모글로빈 분자의 형태를 다룬 논문이었다. 이 논문을 재빨리 훑어본 크릭은 화를 참지 못했다. 논문 중 일부가 자신이 약 9개월 전에 제안한 이론적인 아이디어에 바탕을 두고 있었기 때문이다. 더더욱 괘씸한 것은, 연구실 사람들에게 이 이론을 열정적으로 설명하고 다닌 것이 아직도 기억에 생생한데 논문에는 그에게 감사한다는 말 한 줄 없었던 것이다. 한걸음에 페루츠와 켄드루에게 달려간 크릭은 어떻게 이럴 수가 있느냐고 따지고는 곧장 브래그 경의 사무실로 내처 뛰어올라갔다. 사과까지는 아니더라도 경위의 해명은 요구할 심산이었다. 그러나 브래그 경은 마침 퇴근하고 자리에 없었고 결국 다음날 아침까지 기다려야 했다. 하지만 다음날까지도 크릭의 화는 조금도 누그러지지 않았다.

브래그 경은 크릭의 이론을 미리 알았다는 사실을 단호히 부인하고, 다른 과학자의 아이디어를 도용했다는 말은 자신에 대한 더없는 모욕이라며 오히려 화를 냈다. 크릭 자신이 그토록 떠들고 다닌 아이디어를 브래그 경이 몰랐을 리 없다고 대들자, 브래그 경 또한 이를 맞받아쳤다. 대화가 더 이상 불가능해지자 10분도 채 안 돼 크릭은 교수실을 박차고 나와버렸다.

이 일이 있은 후, 브래그 경은 크릭과의 관계를 끊어야겠다고 생각했다. 몇 주일 전 브래그 경은 그 전날 밤에 떠오른 어떤 아이디어 때문에 잔뜩 흥분해서 연구실에 간 적이 있는데, 그 아이디어가 이번 논문에 실린 것이었다. 브래그 경이 페루츠와 켄드루에게 아이디어를 설명하는 동안 우연히 크릭도 그 자리에 동석하게 되었다. 불쾌하게도, 그때 크릭은 그 아이디어를 즉석에서 받아들이지 않고, 옳은지 그른지를 좀더 두고 생각해봐야겠다고 했었다. 그랬던 크릭이 이토록 무례하게 대들다니, 브래그 경도 화가 치밀어오르고 혈압이 잔뜩 올라 곧장 집으로 가버렸다. 이 고약한 문제아에 대한 험담을 아내에게라도 잔뜩 늘어놓아야 분이 좀 풀릴 것 같았기에.

경위야 어찌 됐든 브래그 경과의 다툼으로 크릭은 곤경에 처하고 말았다. 교수실을 뛰쳐나오긴 했지만 당장 실험실에서의 크릭은

캐번디시 연구소 집무실에 앉아 있는 로렌스 브래그 경

몹시 편치 않은 기색이었다. 브래그 경이 그의 뒤에 대고 박사과정이 끝난 후 크릭의 거취를 심각하게 고민해봐야겠다고 내뱉듯이 말했기 때문이다. 곧 캐번디시 연구소를 떠나 새 일자리를 찾아야 할지도 모른다는 생각에 그의 얼굴은 수심으로 가득 찼다. 점심을 먹을 때도 잔뜩 시무룩해져서 예의 그 웃음소리도 터져나오지 않았다.

그가 걱정하는 것도 무리는 아니었다. 좋은 머리에 소설처럼 반짝이는 아이디어도 풍부하다고 자부는 하고 있었지만, 그는 지금껏 이렇다 할 학문적 업적을 내지 못했을 뿐더러 박사학위도 아직 못 따고 있는 처지였기 때문이다. 그는 보통의 중산층 가정에서 태어나 밀 힐에서 고등학교를 졸업했다. 그가 유니버시티 대학(University College)에서 물리학을 마치고 대학원에 들어갔을 때 마침 전쟁이 일어났다. 영국의 다른 과학자들과 마찬가지로 그도 전쟁에 참가해 해군 과학기지에서 복무했다. 그의 끊임없는 수다에 질린 사람들도 많았지만 그는 정열적으로 열심히 일했다. 특히 그는 성능이 뛰어난 자기기뢰(磁氣機雷)를 발명하는 데 크게 공헌하기도 했다. 그렇지만 전쟁이 끝나자 그의 동료들은 그와 함께 더 일하는 것을 마뜩찮게 여겼고, 그 또한 해군에서 군무원으로 근무하는 것은 장래성이 없다고 판단했다.

게다가 그는 이제껏 전공해온 물리학에 흥미를 잃었고, 대신 생물학에 도전하기로 결심한 상태였다. 그래서 생리학자 힐(A. V. Hill)의 도움으로 약간의 연구비를 얻어 1947년 가을 케임브리지에 오게 되었던 것이다. 처음에는 스트레인지웨이스 연구소에서 고전생물학을 시작하였으나 얼마 안 가서 이 분야가 그리 중요하지 않다는 것을 깨닫고, 2년 후에 캐번디시 연구소로 자리를 옮겨 페루츠와 켄드루의 연구팀에 합류했던 것이다. 과학에 대한 정열이 새로이 솟구치자 그는 아예 박사학위에 도전해보기로 마음을 굳혔다. 그래서 연구생으로 등록을 하고 페루츠의 지도를 받기로 했다. 그러나 머리 회전이 빠른 그에게 학위논문에 필요한 기초 연구는 너무나도 지루해서 도대체 성에 차지 않았다. 하지만 학위 과정에 등록함으로써 그는 뜻밖의 행운을 얻게 되었다. 아무리 어려운 지경에 놓이더라도 박사학위를 취득하기 전까지는 쫓겨날 염려가 없었기 때문이다.

페루츠와 켄드루는 재빨리 크릭을 구제하기로 하고 중재에 나섰다. 켄드루가 문제의 그 이론을 크릭이 예전에 문서로 제출한 적이 있다는 것을 확인하자, 브래그 경도 아이디어란 게 두 사람의 머리에 동시에 떠오를 수도 있다며 수긍했다. 일이 이쯤 되자 브래그 경도 화가 많이 풀렸고, 따라서 크릭의 거취 문제도 해결되었다. 그럼에도 불구하고 여전히 브래그 경은 크릭을 연구소에 그대로 머물게 하는 것이 썩 내키지 않았다. 어떤 날은 브래그 경이 크릭 때문에 귀가 따가울 정도라고 신경질을 부리기도 했다. 여전히 그에게 크릭은 연구소에서 전혀 쓸모없는 인물이었다. 대체 지난 35년간 그 작자는 입으로 떠들기만 했지 이뤄놓은 게 뭐란 말인가. 크릭에 대한 브래그 경의 기본 시각은 그랬다.

09

얼마 후 새로운 가설의 필요성이 대두되자, 크릭은 이내 평정심을 되찾았다. 브래그 경과 한바탕 소동을 치른 후 며칠이 지나 페루츠는 결정학자 밴드(V. Vand)에게서 한 통의 편지를 받았다. 그 편지 속에는 나선분자의 X선 회절에 관한 가설이 담겨 있었다. 폴링의 알파 나선이 발견된 덕분에 당시 연구소에서는 나선구조가 모든 관심의 초점이 되어 있었다. 하지만 폴링 모형의 타당성을 검증하거나 보다 상세한 구조를 확인할 방법을 아무도 제시하지 못했는데 밴드는 자신의 가설이 혹 이 역할을 하지 않을까 기대했던 것이다.

크릭은 밴드의 이론에 심각한 오류가 있음을 재빨리 간파하고는, 자기가 제대로 된 이론을 제시하겠다며 빌 코크런(Bill Cochran)의 2층 연구실로 흥분해서 뛰어올라갔다.

코크런은 아담한 체구에 말수가 적은 스코틀랜드인으로 당시 캐번디시 연구소의 결정학 강사였다. 그는 케임브리지에서 X선을 다루는 젊은 학자들 중 가장 두뇌가 명석한 사람이었다. 생체고분자 연구와는 아무런 관련이 없었지만 크릭이 이론을 전개하다 막힐 때면 언제나 그의 말상대가 되어주곤 했다. 코크런이 크릭의 이론에 대해 근거가 없다거나 또는 아무 쓸모가 없다고 말해도, 크릭은 그의 말만큼은 동료간의 질투라고 생각지 않고 경청했다.

하지만 이번에는 코크런이 크릭의 말을 흘려듣지 않았다. 코크런도 이미 밴드의 이론에서 오류를 발견하고 내심 다른 대안을 모색하던 참이었다. 몇 개월 전부터 페루츠와 브래그 경 두 사람은 코크런에게 나선 연구에 합류할 것을 권했으나 아직 응하지 않은 상태였다. 하지만 이번에 크릭까지 나서서 강력하게 권유하자 그도 새로운 공식을 찾아 골똘히 궁리하기 시작했다.

그날 오전 내내 크릭은 수학 문제를 푸는 일에 푹 빠져 있었다. 이글 식당에서 점심을 먹고는 갑자기 심한 두통을 호소하더니 연구실에도 들르지 않고 곧바로 집으로 갔고, 그 후에는 가스난로 앞에 무료하게 앉아 있다가는 다시 수학 문제를 집어들었다. 몇 시간 후 마침내 그는 정답을 알아냈다. 그러나 일단 작업을 중단해야 했다. 아내 오딜과 함께 부부동반으로 케임브리지의 고급 주류상인 매튜(Matthew)의 포도주 시음회에 참석해야 했기 때문이었다. 이 포도주 시음회 건으로 크릭의 기분은 아주 최고조였다. 시음회에 초대받았다는 것은 케임브리지의 멋있고 유쾌한 신사들의 일원이 되었다는 것을 의미했기 때문이다. 그래서 이때만큼은 연구소의 조무래기 친구들이 자신을 무시한다 해도 아무렇지 않게 넘길 수가 있었다.

크릭 부부는 세인트 존스 대학 근처에서 지은 지 수백 년 된 그린 도어라는 허름하고 좁은 아파트의 맨 꼭대기층에 살고 있었다. 방이라고는 거실과 침실 딱 둘뿐이었으며, 목욕탕이 눈에 좀 띌 뿐 부엌을 포함해 다른 살림살이라고는 거의 없었다. 비록 비좁기는 했지만 아내 오딜이 실내를 잘 꾸며놓은 덕분에 아늑하고 훈훈한 기운이 집안에 가득했다. 나는 이 집에서 처음으로 영국 지식인들이 누리는 생활의 활기를 느꼈으며, 내가 어린 시절에 지냈던 빅토리아 풍의 넓은 방이 얼마나 공허한지를 새삼 깨닫게 되었다.

당시 그들은 결혼한 지 3년째였다. 크릭의 첫 결혼생활은 그리 길지 않았다. 첫 결혼에서 얻은 아들 마이클은 크릭의 어머니와 이모가 키우고 있었다. 그는 몇 해 동안 홀아비로 지내다가 다섯 살 아래인 오딜을 만나 재혼하고 케임브리지로 왔던 것이다. 사교성 좋은 크릭에게 요트나 테니스 같은 오락으로 시간을 보내는 영국 중산층의 따분한 생활은 도무지 성미에 맞지 않았으며, 오히려 거부감마저 느낄 정도였다. 이들 부부 두 사람은 모두 정치나 종교에는 관심이 전혀 없었다. 특히 크릭은 종교는 폐기해야 할 구시대의 유물이며, 앞으로도 존속시켜서는 안 된다고 생각했다. 그리고 왜 그런지 정치에 대해서도 무관심했다. 어쩌면 전쟁을 한 번 겪은 후라 그 참혹함을 애써 잊으려 했던 것인지도 모르겠다. 어쨌든 그들의 식탁에는 《더 타임스》 대신 언제나 《보그》가 놓여 있었고 《보그》에 실린 기사만으로도 크릭은 언제나 풍성한 화젯거리를 만들어냈다.

그 당시 나는 가끔 크릭의 아파트에 저녁 초대를 받았다. 크릭은 언제나 나와 토론하기를 좋아했고, 나는 나대로 형편없는 식당 음식을 피할 수 있는 기회였기 때문에 사양하지 않았다. 사먹는 영국 음식에 얼마나 질렸는지 이러다가 위궤양에라도 걸리는 게 아닐까 걱정할 정도였으니 나에겐 그들 부부의 저녁 초대가 그저 황송할 따름이었다. 오딜은 프랑스인인 친정 어머니를 닮아 여느 영국인들과는 달리 음식과 살림 솜씨가 보통이 아니었다. 그러기에 크릭은 아내가 만든 밋밋한 고기, 삶은 감자, 허연 채소, 포도주에 절인 카스테라와 같은 단조로운 음식을 먹으면서도 동료들이 연구소 내 고급 식당에서 잘난 음식을 먹었다고 자랑해도 전혀 부러워하지 않았다. 그들과 함께 한 저녁 식사는 언제나 유쾌했으며, 어쩌다 포도주라도 몇 잔 걸친 날이면 케임브리지 대학 사회에서 최근에 떠도는 소문의 주인공까지 화제에 올리며 즐겁게 시간을 보냈다.

크릭은 젊은 여자들, 특히 발랄하고 명랑하여 놀기 좋아하는 여자들과 스스럼없이 잘 어울렸다. 젊어서 여자에 관심이 없었던 그가 이제는 생활에 활력을 불어넣어주는 것이 여자라고 믿게 된 것이다. 크릭의 이러한 취향에 대해 오딜은 그다지 신경 쓰지 않았다. 오히려 그녀는 영국의 중부 지방인 노샘프턴(Northampton) 식의 엄격한 훈육을 받은 크릭이 이를 통해 품성이 너그러워지기를 바랐다. 화제가 요즈음 오딜이 푹 빠져 있는, 그래서 가끔 둘이서 초대도 받는 미술 공예품의 세계에 미치면 이야기는 끝도 없이 길어졌다. 대화의 주제는 제한이 없었고, 크릭은 자신의 실패담도 거리낌없이 털어놓았다. 한번은 이런 일도 있었다고 한다. 어떤 가면무도회에 붉은 수

염을 잔뜩 달고 젊은 조지 버나드 쇼로 분장했는데 이게 그만 실수였다. 키스라도 하려 하면 수염이 아가씨들의 뺨을 간지럽히는 통에 재미라고는 하나도 못 보았다는.

다시 앞의 이야기로 돌아가보자. 크릭이 작업을 중단하고 참석했던 그날의 포도주 시음회에는 젊은 여성이 하나도 참석하지 않았다. 실망스럽게도 손님이라고는 대부분이 대학 관계자들이어서 그런지 학내의 골치 아픈 행정적 문제들을 안주 삼아 씹어댈 뿐이었다. 크릭과 오딜은 일찌감치 집으로 돌아와버렸다. 술도 취하지 않고 멀쩡한 기분으로 돌아온 크릭은 다시 먼저의 이론을 면밀히 검토했다.

이튿날 아침 연구소에 나온 크릭은 페루츠와 켄드루에게 자기가 나선의 구조를 마침내 풀었다고 말했다. 몇 분 후 코크런이 실험실로 들어서자 그에게도 되풀이하여 이 사실을 설명하려 했다. 그러나 크릭이 미처 이야기를 꺼내기 전에 코크런은 자신도 그 문제를 해결한 것 같다고 말했다. 서둘러 그들은 곧 각자의 수식을 비교 검토했다. 크릭이 어렵게 문제를 해결한 반면, 코크런은 좀더 단순하고 간편한 방법을 사용했다는 점이 밝혀졌다. 어찌 됐든 두 사람의 최종 결과는 완전히 일치했다. 그들은 곧 페루츠의 X선 사진을 꺼내 알파 나선의 타당성을 검토했다. 그 결과, 폴링의 알파 나선 모형도 옳았고 그들의 가설도 틀림없다는 것이 더욱 분명해졌다.

며칠 후 다들 만족한 가운데 완성된 원고를《네이처》로 보냈다. 그리고 동시에 감사의 마음을 담아 폴링씨에게도 사본을 보냈다. 분명

첫번째 성공인 이 사건은 크럭에게 의미심장한 승리를 안겨주었다. 이번 일에만은 여자가 관여치 않았다는 점이 그에게 큰 행운을 가져다준 것은 아니었을까.

10

11월 중순 프랭클린이 세미나에서 DNA에 관하여 강연했을 때, 나는 미리 결정학에 관한 중요한 점들을 충분히 배워 알고 있었다. 따라서 그녀가 말하는 바를 대부분 이해할 수 있었다. 특히 중요한 점은 내가 무엇을 주의하고 어디에 집중해야 하는지, 소위 말하는 강연의 맥을 정확히 짚었다는 것이다. 나는 6주 동안 크릭의 설명을 듣고 난 뒤, 문제의 핵심은 프랭클린이 새로 찍은 X선 사진이 DNA의 나선구조를 뒷받침하는지의 여부에 있다는 것을 알게 되었다. 우리는 구체적인 실험의 근거가 있어야 DNA의 분자 모형을 만들 수 있었다. 그러나 로지의 이야기를 조금 듣다 보니 나는 그녀의 연구 방향이 우리와는 전혀 딴판이라는 것을 알게 되었다.

청중이 겨우 15명에 불과했지만 로지는 무엇인가에 쫓기듯 신경질적인 어조로 빠르게 이야기를 시작했다. 그녀의 강의는 여유도 재미도 없이 그저 딱딱하고 무미건조하기만 했다. 그녀는 전혀 매력

있는 여자가 아니었다. 간간이 그녀가 안경을 벗고 머리를 조금만 우아하게 손질하면 어떤 모습일까 상상하기도 하면서 나는 결정 X선 회절상의 설명에 온 신경을 집중했다.

그녀는 강의 중에도 수년간에 걸친 결정학 연구 훈련이 몸에 밴 듯 신중함과 냉정함을 잃지 않았다. 케임브리지에서 엄격한 교육을 받았기에 그녀는 결정학의 지식을 남용하는 법 없이 또박또박 설명할 수 있었을 것이다. 로지는 DNA의 구조를 해명하는 데는 오직 순수한 결정학적 수단만이 유일한 해결책이라고 굳게 믿고 있었다. 모형 따위의 해법은 그녀에게 도무지 관심 밖의 일이었다. 따라서 그녀는 폴링이 성공해낸 알파 나선도 일절 언급하지 않았다. 조잡한 장난감 같은 모형은 생체고분자의 구조를 연구할 수단이 모두 막혔을 때 최후로 써볼 방법이라며 거들떠보지도 않았던 것이다. 물론 로지도 폴링의 성공은 알고 있었지만, 그 방법을 따라할 마음은 전혀 없는 듯했다. 폴링의 성공 경위를 살펴보아도 그것은 분명했다. 열 살짜리 아이들이나 가지고 놀 법한 장난감 모형으로 문제를 해결하는 것은 적어도 폴링 같은 천재에게나 가능하다는 것이 로지의 생각이었다.

로지는 이번에 발표하는 내용은 예비적인 것에 불과하고 아직 DNA의 기본 구조에 관해서는 아무것도 언급할 수 없으며 실험을 해본 후 결정학적 분석을 해야 할 것이라고 말했다. 성급하게 결론을 내리지 않는 그녀의 신중한 태도에는 참석한 사람들도 모두가 수긍했다. 모형을 한번 다뤄보는 게 어떻겠냐고 권하는 사람도 없었

다. 윌킨스도 몇 가지 기술적인 면에 관해 질문을 했을 뿐이다. 토론은 싱겁게 끝이 났다. 청중들은 추가 질문도 하지 않았으며, 설사 질문이 있다고 해도 강의 중에 다 언급한 내용이라고 답하면 멋쩍지 않겠는가 하는 표정으로 모두들 흩어졌다. 모두들 모형론을 끄집어 냈다가 로지에게 날카로운 반박이라도 당하면 어쩌나 싶어 그대로 넘어가려는 듯했다. 제대로 알고 질문하라 따위의 말을 새파랗게 젊은 여자한테서 듣고 안개 자욱한 11월의 밤거리를 걸어가는 기분이 어떻겠는가. 모르긴 몰라도 아마 틀림없이 어릴 때의 불쾌했던 기억마저도 되살아나리라.

나는 로지와 몇 마디를 나눈 뒤, 윌킨스와 함께 소호 거리에 있는 음식점에 들렀다. 윌킨스는 의외로 기분이 몹시 좋아 보였다. 그는 느릿느릿한 어조로 로지가 그간 많은 노력을 기울였음에도 불구하고 킹스 대학에 온 후 결정학적 분석에서 이렇다 할 성과를 내지 못한다며 아쉬워했다. 로지의 X선 사진은 윌킨스 자신의 것보다 분명 뛰어나지만, 어찌된 영문인지 이를 가지고 새로운 연구 성과를 전혀 이루어내지 못했다는 것이다. 그녀는 DNA 시료의 수분함량을 정밀하게 측정했다고 했지만 윌킨스는 그 결과치의 신빙성 자체에도 의문을 품고 있었다.

나는 윌킨스가 그토록 기분이 들떠 있는 것을 보고 내심 놀랐다. 처음 나폴리에서 만났을 때의 냉담한 태도가 거짓말처럼 느껴질 정도였다. 박테리오파지 연구자인 내가 그가 하고 있는 연구의 중요성을 인정했다는 점을 특히 기쁘게 생각하는 것 같았다. 동료 물리학자들이 그의 연구 내용을 인정하는 것은 그에게는 별 격려가 되지 않았다. 주위 사람들이 생물학으로 옮기길 잘했다고 말해주어도 그는 그 말을 곧이곧대로 받아들이지 않았다. 생물학에 대해서는 문외한인 이들 물리학자들의 말을, 윌킨스는 그저 치열하게 경쟁할 수밖에 없는 전후의 물리학계를 떠난 사람에 대한 인사치레 정도로 여겼던 것이다.

사실상, 윌킨스는 몇몇 생화학자들로부터 결정적인 도움을 받았다. 아마도 그런 도움이 없었더라면 그는 DNA 연구 경쟁에 끼지도 못했을 것이다. 특히 고도로 정제된 DNA 시료를 제공해준 생화학자들은 그에게 없어서는 안 될 존재였다. 흡사 마술사를 방불케 하는 생화학자들의 손기술이 없다면 결정학을 제아무리 연구했대도 헛수고에 그치고 말았을 것이다. 그러나 그가 볼 때 대부분의 생화학자들은, 원자탄 개발계획에서 함께 일했던 물리학자들에 비해 능력이 떨어진다고 생각했던 것 같았다. DNA의 중요성마저도 인식하지 못하고 있으니.

그러나 그들은 대부분의 생물학자들보다는 상식이 훨씬 풍부했다. 다른 나라는 몰라도, 특히 영국의 식물학자나 동물학자들의 수준은 엉망진창이었다. 대학에서 교수 자리를 차지하고 있는 사람들도 순수과학의 중요성을 모르고 있었다. 그런 사람들은 그저 생명의 기원을 둘러싼 소모적 논쟁이나 혹은 과학적 사실이 옳다는 것을 어떻게 알 수 있는가 따위의 문제에 정력을 낭비하고 있었다. 심지어 어떤 대학에서는 유전학을 공부하지 않고도 생물학과를 졸업할 수

A형 DNA 결정체의 X선 사진

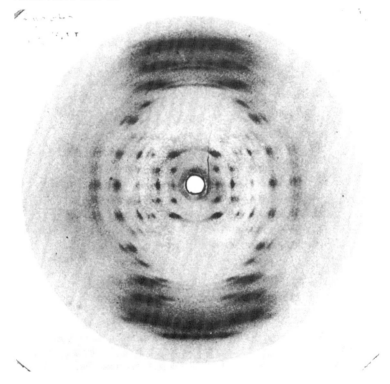

있었다. 물론 유전학이 생물학이라는 학문에 큰 기여를 한 것은 아니었지만 그들이 말하는 것을 들어보면 그들도 유전자의 본질에 대해서 매우 궁금해한다는 것을 쉽게 알 수 있었다. 그런데도 아무도 유전자가 DNA로 구성되어 있다는 점에는 관심을 기울이지 않았다. 그들은 이를 화학에 속하는 것이고 자신과는 상관 없는 것이라고 여겼던 것이다. 그들은 한평생 고리타분한 생각에 사로잡혀서 그저 학생들에게 염색체의 움직임을 필요 이상으로 상세히 연구시키거나, 또는 라디오에 출연하여 전환기 시대 유전학자의 역할이 어쩌고 저쩌고 하며 탁상공론이나 늘어놓는 것이 고작이었다.

그래서 윌킨스는 파지 연구자들이 DNA를 주목하고 있다는 것을 알고, 이제 시대가 변하여 세미나에서 DNA가 왜 그토록 중요한지를 굳이 설명하지 않아도 되리라고 기대했다. 저녁 식사가 끝날 무렵만 해도 윌킨스는 연구욕이 절정에 달한 듯 무척 고무된 표정이었다. 하지만 돈을 치르고 식당을 나서면서 어쩌다가 로지의 이야기가 불쑥 튀어나오자, 순간 DNA 연구에 평생을 걸겠다며 투지에 불타던 그의 의욕은 찬물을 뒤집어쓴 듯 싸늘히 식어버렸다.

11

이튿날 아침 나는 패딩턴 역에서 크릭과 만났다. 우리는 옥스퍼드로 가서 주말을 함께 보내기로 약속이 되어 있었다. 그곳에서 크릭은 결정학의 제1인자인 도로시 호지킨(Dorothy Hodgkin, 1964년 노벨 화학상 수상)을 만날 계획이었다. 나로서는 옥스퍼드를 처음 방문하는 길이었다. 개찰구에서 만난 크릭은 기분이 최고인듯 연신 웃어댔다. 크릭은 호지킨을 만나 빌 코크런과 함께 생각해낸 나선 회절 이론에 대해 상의할 생각이었다. 크릭은 이 이론의 위력을 즉각적으로 이해할 만한 사람은 호지킨 외에는 없을 것이라고 생각했다. 스스로 생각하기에도 대단한 이론을 들고 가는 크릭의 가슴은 기대에 잔뜩 부풀어 있었다.

기차에 오르자마자 크릭은 나에게 로지의 세미나에 관해서 꼬치꼬치 묻기 시작했다. 그러나 내가 딱 부러지게 대답하지 못하자, 그는 메모를 하지 않고 기억에만 의지하는 내 버릇에 대해 드러내놓고 짜증을 냈다. 웬만한 일은 언제든지 기억을 또렷이 되살리는 편인 나도 이번 경우에는 결정학의 전문용어를 충분히 몰랐기 때문인지 도대체 기억이 나질 않았다. 게다가 가장 난감했던 것은 로지가 측정한 DNA 시료의 수분함량 수치가 도무지 떠오르지 않았다는 것이었다. 크릭에게 수분함량 값을 불러주긴 했지만 속으로는 도무지 자신이 없었다. 어쩌면 나는 자릿수까지 틀리게 알고 있을 수도 있었기 때문이다.

애초에 로지의 세미나에 내가 간 것이 잘못이었다. 크릭이 갔더라면 이런 일은 안 생겼을 것이다. 어쩌면 우리가 이 일을 너무 과민하게 받아들이는 것인지도 모르겠다. 만약 크릭이 갔더라면 그는 급한 성격대로 로지의 말을 넘겨짚는 바람에 오히려 윌킨스를 자극했을지도 모를 일이다. 어떤 의미에서 보면 크릭과 윌킨스가 하나의 사안을 동시에 안다는 것은 심히 아슬아슬한 일이었다. 어디까지나 윌킨스가 먼저 문제의 핵심을 포착하고 있어야 했다. 그러나 윌킨스는 분자 모형을 가지고 문제를 해결할 생각은 아예 하지 않는 것 같았다. 전날 밤 나는 윌킨스와 대화를 나누면서 이를 알아차렸다. 물론 윌킨스가 일부러 그 생각을 나에게 감추었을 가능성도 배제할 수는 없겠지만, 가능성은 희박했다. 내가 알기로 윌킨스는 절대 그런 인물이 아니었다.

어쨌든 내가 정확한 수분함량치를 기억해내지 못했기 때문에 크릭이 이 수치를 알아내야 했다. 그는 문득 기발한 생각이 떠올랐는지 읽고 있던 원고의 뒷장에 무엇인가 끄적거리기 시작했다. 감

잡을 수 없는 그의 행동에 나는《더 타임스》나 다시 집어들었다. 얼마 후 크릭이 말을 걸어왔을 때 나는《더 타임스》에서 눈을 뗐다. 그는 코크런-크릭의 이론과 로지의 실험 결과를 동시에 만족시키는 해답은 몇 개 되지 않는다고 말했다. 의외로 답은 아주 간단하다며 그는 도표 몇 개를 그려 보였다. 복잡한 수식은 이해하기 어려웠으나 나는 이야기의 요지를 대강 알아들을 수 있었다. 우선 DNA 분자 내의 폴리뉴클레오티드 사슬의 수를 정해야 한다는 것이었다. X선 사진의 결과로 볼 때는 둘, 셋, 넷 중 하나였다. 이제 문제는 축을 중심으로 꼬여 있는 DNA 사슬의 반지름과 축에 대한 기울기 각도를 알아내는 것이었다.

한 시간 반 후 기차가 목적지에 도착할 무렵, 크릭은 문제를 거의 해결한 듯 앞으로 약 1주일 후면 분자 모형을 가지고 정확한 해답을 찾을 수 있을 거라고 확신했다. 그렇게만 되면 생체고분자의 구조를 밝혀낸 사람이 어디 폴링뿐인가 하고 세상에 자랑할 수 있는 것이다. 알파 나선 발표를 폴링에게 빼앗긴 것은 케임브리지로서는 상당히 체면이 구겨지는 일이었다. 알파 나선이 발표되기 약 1년 전에 브래그, 켄드루 및 페루츠 세 사람은 폴리펩티드 사슬의 입체 구조에 관해 논문을 발표한 바 있었다. 하지만 이 논문은 결함이 많았다. 브래그 경은 이 일로 기분이 몹시 상했고, 예민한 자존심에 큰 상처를 입었다. 25여 년간 브래그 경과 폴링은 경쟁자 관계였는데 여러 차례 대결에서 번번이 폴링에게 뒤진 꼴이 되었기 때문이었다.

그 일에 대해서 마음의 상처를 입기는 크릭도 마찬가지였다. 브래그 경이 폴리펩티드 사슬의 입체구조에 관심을 갖기 시작했을 무렵 크릭도 캐번디시에 와 있었다. 그리고 크릭도 펩티드 결합의 형태에 관한 잘못된 결론을 내렸던 토론에 관계했었다. 그의 날카로운 비판 능력은 실험 결과의 의미를 평가하던 그때 발휘되었어야 했다. 그러나 당시 그는 아무런 비판도 제기하지 못했다. 동료의 허점을 찌르고 싶지 않아서 그런 것도 아니었다. 브래그 경과 페루츠에게도 헤모글로빈에 관한 연구 결과를 너무 비약해서 해석한다고 여러 사람들 면전에서 대놓고 비판하던 그였다. 최근 브래그 경이 크릭을 심히 못마땅하게 여기는 것은 크릭의 이러한 오만방자한 태도에 대한 당연한 반응이었다. 브래그 경이 볼 때 크릭이라는 작자는 그저 남이 잘되는 꼴은 못 보고 자기밖에 모르는 친구에 불과했던 것이다.

그러나 마냥 지나간 과거의 실패에 집착하고 있을 때가 아니었다. 우리는 그날 오전 내내 DNA의 구조에 대한 토론만 계속했다. 누군가 크릭의 곁에 있었더라면 그는 아마 몇 시간 동안, 당-인산 뼈대가 DNA 분자의 중심을 이루고 있다는 결론에 대해 장황한 설명을 들어야 했을 것이다. 우리는 이 결론이 아니고는 윌킨스와 로지가 관찰한 바 있는 결정회절상에 부합되는 구조는 있을 수 없다고 확신했다. 물론 뼈대에서 외부를 향해 있는 염기의 불규칙한 배열 문제는 남아 있었으나, 내부 구조만 정확하게 결정하고 나면 다음 문제는 저절로 해결될 것만 같았다.

또 한 가지 문제는 DNA의 뼈대를 이루고 있는 인산기의 음전하를 중화시키는 것은 무엇인가 하는 것이었다. 나는 물론이고 크

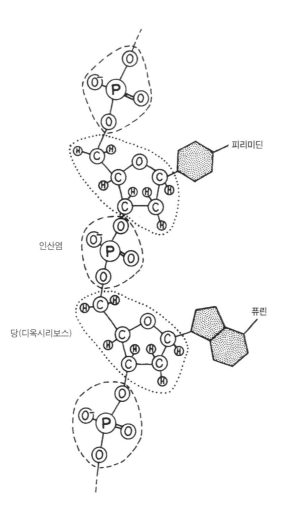

피리미딘

인산염

당(디옥시리보스)

퓨린

당-인산 뼈대에서 보이는 공유결합의 상세한 도해

릭 역시 무기이온들의 3차원적 배열에 관해서는 도통 아는 바가 없었다. 우리는 여기서 정말로 쓴 입맛을 다시지 않을 수 없었다. 당시 이온의 구조화학에서 세계 제1인자는 다름 아닌 라이너스 폴링이었기 때문이었다. 따라서 문제의 핵심이 무기이온과 인산기의 교묘한 배치 상태를 찾아내는 것이라면 우리는 아예 폴링의 상대가 될 수가 없었다. 그렇다고 손놓고 앉아 기다릴 수만도 없는 노릇이었다. 우리는 급한 대로 폴링의 명저 『화학결합의 본질(The Nature of the Chemical Bond)』을 우선 읽어보기로 했다. 점심을 대충 때우고 커피도 생략한 채 서점을 몇 군데 뒤졌다. 우리는 책을 겨우 구해 우선 필요한 부분만 급히 훑어보고 몇 가지 무기이온들의 크기를 알아낼 수 있었다. 그러나 그것으로 문제가 해결된 것은 아니었다.

대학 박물관 내 호지킨의 연구실에 도착했을 때 우리는 냉정을 되찾았다. 크릭은 우선 나선 이론에 대한 자신의 견해를 밝힌 뒤 DNA 가설에 대해 매우 짤막하게 설명했다. 대화의 중심이 된 것은 오히려 당시 호지킨이 하고 있던 인슐린에 관한 연구였다. 어느덧 날도 저물고 너무 오래 있는 것도 실례인 것 같아서 우리는 맥덜린 대학으로 갔다. 이 대학의 연구원으로 있는 에이브리언 미치슨(Avrion Mitchison)과 레즐리 오글(Leslie Orgel) 두 사람과 미리 차를 마시기로 약속이 되어 있던 터였다. 함께 케이크를 먹으면서 잡담을 하는 동안 나는 이런 분위기에서 공부를 할 수 있다면 얼마나 좋을까 하는 생각을 해보기도 했다.

포도주를 곁들인 저녁을 먹으면서 우리는 DNA의 구조 문제를 다시 화제로 삼았다. 크릭의 절친한 친구인 이론학자 게오르크 크라이젤(George Kreisel)도 뒤늦게 자리에 함께했다. 그는 아주 소탈한 모습에 사투리도 심해 내가 흔히 상상하던 보통의 철학자와는 너무나 다른 모습이었다. 크릭은 크라이젤을 만나자마자 무척이나 반가워했다. 크릭이 예의 그 큰 목소리로 웃으며 떠들자 크라이젤도 오스트리아식 사투리로 장단을 맞추며 분위기를 떠들썩하게 만들었다. 한동안 크라이젤이 한 밑천 잡는 이야기를 신나게 하는가 하면, 지식인을 가볍게 놀리는 에이브리언 미치슨의 농담으로 화제가 옮겨지기도 했다. 이런 잡담은 내 취향에는 맞지 않아 나는 먼저 자리를 빠져나와 숙소로 향했다. 기분 좋게 취한 나는 숙소로 가면서 중얼거렸다. DNA 연구에 성공하고 나면 무엇부터 할까.

12

나는 월요일 켄드루 부부와 함께 아침 식사를 하면서 DNA에 관한
새로운 가설에 대해 설명해주었다. 머지않아 내가 틀림없이 성공할
것이라며 켄드루 부인은 맞장구를 쳤으나 켄드루는 조용히 듣고만
있었다. 그는 크릭이 또 흥분했고, 나 또한 열의만 있었지 실속이 없
다고 판단한 모양이었다. 그는 아예 우리를 외면한 채 보수당 내각
이 새로 출범했다는 기사가 실린《더 타임스》의 정치면이나 읽기 시
작했다. 잠시 후 켄드루가 자리를 떠서, 켄드루 부인과 나만이 남게
되었다. 둘이서 실컷 성공에 대해 이야기나 나누라는 식이었다. 그
러나 나도 오래 머물지 않고 자리에서 일어섰다. 어서 빨리 연구실
에 가서 몇 가지 가능성 가운데 어느 것이 가장 합당한가를 분자 모
형을 가지고 더 연구하고 싶었던 것이다.

크릭과 나는 캐번디시 연구소에 있는 모형들에 그다지 만족하
지 않았다. 당시 연구소에 있는 것이라고는 고작해야 켄드루가 1년

반 전에 폴리펩티드 사슬의 입체구조 연구에 쓰기 위해 만든 것뿐이었기 때문이다. DNA 연구에 필수적인 인(燐)원자의 모형은 물론이고 퓨린 염기, 피리미딘 염기의 모형도 없었다. 이제 와서 모형을 특별 주문하기에는 시간도 촉박했기 때문에 무엇인가 새로운 수단을 강구해야 했다. 놋쇠로 만든다고 해도 1주일은 족히 걸릴 참이었다. 시간은 하루나 이틀밖에 여유가 없는데 1주일을 어떻게 기다린단 말인가. 나는 연구실에 들어서자마자 곧 탄소원자의 모형에 구리철사를 감기 시작했다. 그렇게 하여 임시변통으로 탄소보다는 직경이 조금 큰 인(燐)원자의 모형을 만든 것이다.

무기이온의 모형을 조립할 때는 훨씬 더 어려운 문제에 봉착했다. 다른 성분과 달리 무기이온들은 화학결합을 할 때 어떤 각도로 이루어지는지 일정한 법칙이 없었기 때문이다. 따라서 DNA의 정확한 구조를 알아야 제대로 된 모형을 만들 수 있었다. 그러나 나는 크릭이 분명 신통한 해결책을 들고 연구소에 나올 것이라는 데 한 가닥 희망을 걸고 있었다. 그가 간 지 벌써 18시간이 지났으니 설마 하루 종일 일요신문에 정신이 팔려 있지는 않으리라고 짐작했던 것이다.

하지만 실망스럽게도 크릭은 빈손으로 나타났다. 일요일 밤 저녁을 먹고 나서 다시 DNA 문제에 파고들었으나 만족할 만한 해결책을 얻지 못하자, 케임브리지 연구원들의 스캔들을 다룬 소설이나 읽으며 시간을 때웠다는 것이다.

모닝커피를 마시면서 크릭은 이미 결과를 낙관할 정도로 충분한 실험 데이터가 쌓이고 있다며 자신만만해했다. 그 많은 데이터 가운데 전혀 다른 데이터를 가지고 시작해도 결과는 언제나 같다는 것이다. 폴리뉴클레오티드 사슬이 어떻게 접혀 있는지만 해결하면 문제는 다 해결된 거나 마찬가지라고 생각했던 것이다. 크릭이 X선 사진을 검토하는 동안, 나는 원자 모형 몇 개를 가지고 사슬로 조립하기 시작했다. 각 사슬에는 뉴클레오티드가 길게 배열되도록 했다. 물론 실제 DNA의 사슬은 굉장히 길지만 모형은 굳이 그렇게 길게 만들 필요가 없었다. DNA 사슬이 나선이 분명하다면 두 개의 뉴클레오티드 위치만 결정하면 나머지 배열은 자동적으로 결정되기 때문이었다.

1시경 통상적인 조립을 끝내고 크릭과 나는 언제나처럼 화학자 허버트 굿프로인트와 함께 점심을 먹으러 나갔다. 그즈음 켄드루는 피터하우스에서 주로 점심을 먹었고 페루츠는 자전거를 타고 집에 가서 먹었다. 가끔 켄드루의 지도 학생인 휴 헉슬리도 점심 시간에 종종 우리와 어울렸으나 최근 크릭의 질문 공세에 자주 시달린 후에는 모습을 잘 드러내지 않았다.

내가 케임브리지에 오기 얼마 전, 크릭은 헉슬리가 근육수축 문제를 연구하는 것을 지켜본 적이 있다. 그는 근육생리학자들이 약 20년간이나 실험 결과를 축적하고서도 그것을 요령껏 정리하지 못하고 있다는 것을 재빨리 간파하고는 이 분야에서 자신이 두각을 나타낼 수 있겠다고 생각했다. 더구나 헉슬리가 이미 많은 기초 자료를 축적했기 때문에 자료를 수집하러 직접 뛰어다닐 필요도 없었다.

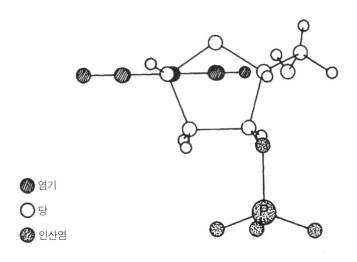

🏁 염기

⚪ 당

🏁 인산염

염기 평면이 당을 구성하는 원자 대부분이 이루고 있는 평면과 거의 수직임을 보여주는 뉴클레오티드 모식도. 당시 런던에 있던 버크벡 대학의 버널(J. D. Bernal) 교수 실험실에서 연구하던 퍼버그(S. Furberg)가 1949년에 발견한 중요한 구조이다. 그 후에 그도 DNA 모델을 만들었다. 그러나 킹스 대학에서의 실험 결과를 자세히 알지 못해서, 단일 사슬구조를 만들었기 때문에 캐번디시에서는 그의 모델을 진지하게 고려하지 않았었다.

점심 시간마다 크릭은 그 실험 결과들을 이리저리 꿰맞추며 나름대로 새 이론을 만들어냈다. 그러나 크릭이 오차 내 범위라고 무시하는 실험 결과들을 갖고 헉슬리가 그것은 지브롤터의 요새만큼이나 명확한 것이어서 절대 무시할 수 없다고 우기면 그 이론들은 하루나 이틀 만에 물거품이 되곤 했다.

X선 카메라의 조립을 끝낸 헉슬리는 이제 관심의 초점이 되는 실험 증거들을 찍을 준비를 본격적으로 하고 있었다. 이런 와중에 헉슬리가 발견하려는 목표를 크릭이 먼저 떠들어버리면 정말 김새는 일이 아닐 수 없었다.

그러나 이날만은 헉슬리도 크릭의 극성스런 수다를 듣지 않아도 되었다. 이글 식당으로 걸어가면서 크릭은 페르시아 출신의 경제학자 에프라임 에샤그(Ephraim Eshag)를 만났지만 허스키한 목소리로 건네던 평소 인사조차 생략했다. 중대한 무엇인가를 마음속에 품고 있는 듯 그의 얼굴은 복잡 미묘했다. 우리는 점심을 먹는 대로 본격적으로 모형을 조립할 예정이었다. 일을 효율적으로 하기 위해서는 아주 치밀하고 구체적인 계획을 세워야 했기 때문이다. 우리는 구스베리 파이를 먹으면서도 폴리뉴클레오티드 사슬을 하나, 둘, 셋 또는 네 가닥으로 차례차례 검토해보았다.

한 가닥의 경우는 실험 결과로 볼 때 타당치 않다고 판정하여 일찌감치 대상에서 제외했다. 그리고 사슬과 사슬을 결합하는 힘은 둘 이상의 인산기를 결합하고 있는 Mg^{++}와 같은 2가 양이온의 염결합(鹽結合)일 가능성이 가장 크다고 생각했다. 그러나 로지의 자료에는 2가의 양이온이 들어 있다는 증거가 하나도 없었기 때문에 우리의 추정은 약간 위험했다. 하지만 우리가 추정한 모형이 틀렸다는 증거 또한 없었다. 만일 킹스 대학의 사람들이 모형을 조립했었더라면 그들도 틀림없이 어떤 염(鹽)이 존재할 것인가를 놓고 고민했을 것이다. 만약 그랬다면 우리가 이렇듯 곤란한 처지에 놓이지도 않았을 텐데. 그러나 다행히도 당-인산 뼈대에 Mg^{++} 이온 혹은 Ca^{++} 이온을 끼워보면 잘 맞아떨어지기에 더 의심할 여지가 없어 보였다.

그러나 모형을 처음 조립하는 몇 분 동안은 생각처럼 잘 되지 않아 짜증스러웠다. 겨우 15개 정도의 원자 모형인데도, 원자들간

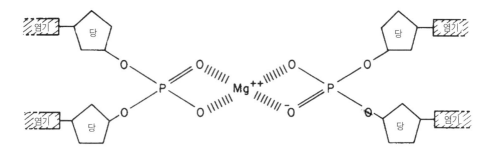

마그네슘 이온(Mg⁺⁺)이 복합나선의 중심에서 음전하를 띠고 있는 인산 그룹과 결합하는 구조

의 정확한 거리를 유지하기 위해 꽂아놓은 집게에서 원자들이 자꾸 떨어지는 것이었다. 뿐만 아니라 몇 개의 가장 중요한 원자들 사이의 결합각을 도무지 예측할 수 없었다. 정말 답답한 노릇이었다. 폴링은 펩티드 결합이 평면적이라는 것을 잘 알고 있었기 때문에 알파나선을 쉽게 발견할 수 있었던 것이다.

그러나 우리는 DNA의 구성 성분인 뉴클레오티드들을 하나하나 연결하는 포스포디에스테르(phosphodiester) 결합에는 여러 형태가 있을 수 있다고 생각했다. 적어도 우리 수준의 화학적 직관력으로 볼 때, 이 모형이 여타의 모형보다 훨씬 더 타당한 구조라는 판단이 확실히 서지 않았다.

차를 한 잔 마시면서 다시금 기운을 차려 그런대로 하나의 형태를 맞춰가기 시작했다. 그것은 세 가닥의 사슬이 28Å의 각도로 나선의 축(軸)에 따라 반복되어 꼬이는 것이었다. 이 모양은 윌킨스와 로지의 X선 사진과도 잘 들어맞아서, 크릭은 실험 현장을 떠나면서 이제껏 한 일에 무척 고무되어 있었다. 아직도 몇 개의 원자는 거리가 너무 가까워서 상당히 불안했지만 어쨌든 본격적인 조립작업이 성공적으로 시작된 것이다. 우리는 앞으로 조금만 더하면 남 앞에 내놓을 만한 모형을 만들 수 있겠다는 기대에 부풀었다.

우리는 크릭의 아파트에서 모처럼만에 저녁 식사를 유쾌하게 즐겼다. 물론 우리가 말하는 내용을 오딜은 알아듣지 못했으나 한 달 안으로 크릭이 두 번째 성공을 거둘지도 모른다는 기대에 그녀도 무척 기뻐했다. 앞으로 일이 순조롭게 진행되면 곧 부자가 되고 그래서 차도 장만할 수 있으려니 생각했으리라. 크릭은 오딜이 이해하기 쉽도록 내용을 쉽게 풀어서 차근차근 이야기하는 법이 없었다. 언젠가 그녀가 중력은 지상에서 3마일 이내에만 미친다고 말하는 것을 보고 더 이상 말해보아야 소용이 없다고 판단한 모양이었다. 그녀는 과학에 대해서는 정말 문외한이었다. 수년간 수도원에서 생활한 그녀에게 과학 지식을 기대하는 것이 애당초 무리였다. 그녀가 할 수 있는 것이라곤 고작해야 돈을 세는 정도의 간단한 계산에 불과했다.

대화는 그 당시 오딜의 친구와 곧 결혼할 예정이었던 젊은 미술학도 하머트 와일(Harmut Weil)에게로 옮겨졌다. 그러나 크릭의 반응은 좀 떨떠름했다. 아리따운 아가씨 하나가 그들의 친목 모임에서 떨어져나간다고 생각한 것일까. 사실 크릭은 와일에 관해 몇 가지 불쾌한 기억을 가지고 있었다. 와일은 명예를 귀히 여기는 독일 대학의 전통에서 자랐고, 또 케임브리지의 젊은 아가씨들을 카메라 앞에 세우는 데 비상한 재주가 있었던 것이다.

이튿날 연구실에 나타난 크릭은 와일에 대해서는 깨끗이 잊은 듯 곧바로 실험에 몰두했다. 원자 몇 개를 이리저리 맞추어놓고 보니 아주 그럴듯한 세 가닥의 사슬 모형이 완성되었다. 이제 이 모형을 로지의 측정 결과와 대조해보면 되는 것이다. 이 나선 모형은 내가 로지의 세미나에서 들은 수치를 토대로 만들어졌기에 X선의 반사점 위치와 맞아떨어져야 했다. 또 만약 이 모형이 옳다면 이것으로 여러 X선 반사의 상대적 강도도 정확히 예측할 수 있는 것이다.

크릭이 윌킨스에게 전화를 걸어, 나선 회절 이론으로 DNA 모형의 타당성을 검토해보았다고 설명했다. 그리고 모두가 기대해 마지 않았던 DNA 나선 모형을 드디어 만들어냈다고 말했다. 우리는 이 모형을 구경하기 위해 윌킨스가 곧장 달려올 줄 알았다. 그러나 그는 날짜도 정하지 않은 채 다만 이른 시일 내에 한번 들르겠다는 시큰둥한 반응을 보였다. 잠시 후에 켄드루가 들어와서 우리가 DNA 나선 모형을 만들었다는 소식을 듣고 윌킨스가 어떤 반응을 보였는지 물었다. 크릭은 속시원하게 대답하지 못했다. 크릭과의 통화에서 윌킨스는 우리의 일에 아무런 관심도 내비치지 않았기 때문이다.

그날 오후 우리가 모형을 한창 만지고 있는데 킹스 대학에서 전화가 왔다. 윌킨스가 다음날 아침 10시 10분 기차로 그의 공동 연구원인 윌리 시즈와 함께 런던에서 오겠다는 것이었다. 그뿐만이 아니었다. 로지도 그녀가 지도하는 학생인 고슬링(R. G. Gosling)을 데리고 오겠다는 연락이 왔다. 그들 역시 나선 모형에 대한 관심을 외면하기는 힘들었던 것이다.

13

윌킨스는 역에서 연구소까지 택시를 타고 왔다. 평소 같으면 버스를 이용했겠지만, 그날은 일행이 넷이다 보니 요금도 그게 더 적게 들었던 것이다. 돈도 돈이었지만 정거장에서 로지와 함께 버스를 오랫동안 기다리는 일이 그에겐 더 큰 고역이었을 것이다. 그랬다가는 가뜩이나 유쾌하지 못한 기분이 언제 어디서 엉뚱하게 폭발할지 모를 일이었다. 윌킨스와 로지는 서로 말 한마디 건네지 않고 어색하게 있었다. 어쩌면 지금부터 굴욕감을 느껴야 할지도 모른다는 불안감에 두 사람 모두 서로의 존재에는 전혀 관심이 없는 듯 학생들하고만 이야기를 나눴다. 연구소에 도착했을 때에도 윌킨스는 로지와 같이 왔다고만 했을 뿐 그녀에 관해서는 더 이상 말을 꺼내지 않았다. 윌킨스는 어색한 분위기도 풀 겸 딱딱한 과학 이야기로 들어가기 전에 잠깐 가벼운 이야기를 나누고 싶어했으나, 로지는 그게 무슨 한가한 소리냐며 서둘러 본론으로 들어가자고 했다.

페루츠와 켄드루 두 사람은 크릭을 배려하느라 먼저 나서지 않았다. 오늘만큼은 크릭이 주인공인 것이다. 둘은 윌킨스와 잠깐 인사를 나눈 뒤 볼 일이 있다는 핑계를 대고 그들의 공동 연구실로 가버렸다. 윌킨스 일행이 오기 전, 크릭과 나는 그동안의 연구 결과를 두 단계로 나누어 보여주기로 미리 상의했었다. 먼저 크릭이 나선 이론의 장점을 간단히 설명한 뒤, 우리가 DNA 모형을 만들기까지의 경과를 설명하자고 했다. 그리고 오후에는 아직 미진한 부분을 해결하기 위하여 앞으로 공동으로 할 일에 대해 토론하기로 했다.

첫 단계는 우리의 계획대로 진행되었다. 크릭은 나선 이론의 장점을 조금도 주눅들지 않고 당당히 설명해냈다. 아울러 베슬 함수(Bessel functions)가 문제를 깨끗이 해결하는 과정을 불과 몇 분 동안에 깨끗하게 정리해냈다. 그러나 크릭의 의기양양한 표정과 달리 사람들의 반응은 모두 시큰둥했다. 윌킨스는 그 방정식에 대해서는 별로 언급하지 않았고, 크릭의 이론은 자신의 친구 스톡스가 오래전에 푼 수식이라고 말했다. 스톡스는 어느 날 아침 한 장의 종이에 이 문제를 이론으로 뚝딱 정리했다는 것이다.

로지는 나선 이론을 누가 먼저 확립했는지에는 도무지 관심이 없는 듯 크릭이 말을 길게 하자 불편한 기색을 드러냈다. 그녀는 DNA가 나선이라는 증거는 아직 아무것도 없으므로 크릭의 말은 아예 들으려고 하지도 않았다. DNA가 나선인지 아닌지는 X선 연구를 좀더 해보면 명확히 드러나겠지만, 우리의 모형이 그녀에게는 가소로울 뿐이었던 것이다. 크릭의 말은 그녀에게 전혀 먹혀들지 않았다. 우리가 세 가닥의 사슬로 꼬여 있는 모형에서 인산기를 서로 붙들고 있는 Mg^{++} 이온에 대해 언급하자 그녀는 정면으로 반박하고 나섰다. 그녀는 Mg^{++} 이온은 물 분자에 둘러싸여 있으므로 튼튼한 구조물이 될 수 없다고 날카롭게 지적했다. 한 마디로 말도 안 된다는 것이었다.

문제는 그녀의 지적이 단순한 딴지걸기가 아니라는 점이었다. 이 단계에서 로지가 일전에 언급한 DNA 시료의 수분함량치를 내가 잘못 기억했을지도 모른다는 생각이 들어 나는 몹시 당황했다. 정확한 DNA 모형은 지금 우리가 만든 것보다 적어도 열 배 이상의 물을 함유해야 한다는 사실이 명백해진 것이다. 그러나 그렇다고 우리의 모형이 틀렸다는 것은 아니다. 다행히도 여분의 물은 나선의 주변에 있는 빈 공간으로 끼워 넣으면 되는 일이었다. 그러나 우리의 가설에 논리적인 근거가 취약하다는 결론은 피할 길이 없었다. 더 많은 물이 포함되어 있어야 할 가능성이 제기되자, DNA 모형의 수 또한 엄청나게 많아졌다.

점심 식사를 하는 동안에도 화제의 주도권은 여전히 크릭이 쥐었지만, 크릭은 오전에 비해 눈에 띄게 기가 죽어 있었다. 문제 해결의 열쇠가 누구 손에 있는가 하는 것은 명백했다. 이날의 만남에서 우리가 택할 수 있는 최선의 길은 앞으로 실험을 어떻게 진행할 것인가에 대해서 합의를 보는 정도였다. 특히 불과 1주일 정도면 인산기의 음전하를 중화시키는 정확한 이온이 무엇이냐에 따라 DNA의 구조가 달라지는지 아닌지를 알 수 있을 것이었다. 그렇게 되면

Mg^{++} 이온이 중요한지 아닌지의 여부도 확실하게 드러날 것이다. 이러한 연후에 모형을 다시 조립할 경우, 잘하면 크리스마스 이전에 끝낼 수 있을 것 같았다.

점심 식사 후 가벼운 산책을 했지만 분위기는 여전히 냉랭했다. 로지와 고슬링은 논쟁하기를 좋아하고 또한 끝까지 우기는 스타일이었다. 내가 보기에도 그들이 50마일이나 되는 먼 거리를 달려왔지만 나잇값도 제대로 못하는 풋내기의 말만 듣고서 연구 주제를 바꿀 리는 없었다. 윌킨스와 윌리 시즈는 로지에 비하면 훨씬 합리적으로 많은 것을 지적해주었다. 하지만 이 또한 로지에 대한 반감이 작용한 탓인지도 몰랐다.

우리는 연구실로 돌아왔지만 분위기는 싸늘했다. 크릭은 실험이 실패했다는 것을 솔직하게 인정하기 싫었는지 우리가 모형을 조립하기까지의 과정을 소상히 털어놓았다. 그러나 나를 제외하고 아무도 그의 말에 귀기울이지 않자 그도 더 이상 어떻게 해볼 도리가 없었다. 애써 만든 모형이 이젠 쳐다보기조차 싫었다. 좀전까지만 해도 그렇게 대견스럽던 그 모형은 이제 천덕꾸러기 신세로 전락하고 말았으며, 임시변통으로 만든 인(燐)원자는 조잡한 티만 역력하게 드러냈다. 로지가 지금 서둘러 버스를 타면 리버풀 발 3시 40분 기차 시간에 늦지 않겠느냐고 물었다. 우리는 냉큼, 안녕히 가시라며 작별 인사를 고했다.

14

나선 모형 연구가 성공하지 못했다는 소식은 곧 온 연구소에 쫙 퍼졌고, 급기야 브래그 경의 귀에까지 들어갔다. 이 소식을 들은 사람들은 크릭이 조금만 더 냉정했더라면 좋았을 것이라고 생각만 했을 뿐 더 이상은 왈가왈부하지 않았다. 하지만 보이지 않는 곳에서는 우리가 걱정하던 일이 드디어 벌어지고 있었다. 즉, 윌킨스의 보스인 랜들과 브래그 경이 킹스 대학에서 많은 투자를 해서 DNA 연구를 하고 있는 판에 여기에 다시 크릭과 미국 유학생이 같은 일을 중복해서 할 필요가 있는가 하는 의문을 갖기 시작한 것이다.

브래그 경은 크릭의 실험이 성과 없이 끝났다는 소식을 듣고도 이미 예상하고 있었다는 듯 별 반응을 보이지 않았다. 그는 크릭이 또 언제 어디서 무슨 사고를 칠지 모르겠다며, 이런 식으로 해서 5년 안에 박사학위를 받을 수 있겠냐며 아예 제쳐놓은 듯했다. 그러나 캐번디시에 있는 한 크릭과 함께 지내야 한다는 사정은 브래그 경뿐 아니라 어떤 사람이라도 여간 신경 쓰이는 일이 아니었다. 더욱이 브래그 경은 너무나 오랫동안 유명한 부친의 그늘에 가려져왔었고, 브래그의 법칙을 발견한 날카로운 통찰력도 사람들은 그의 업적이라기보다는 부친의 후광에 힘입은 덕분이라고 깎아내렸기 때문이다. 이제 겨우 과학계에서 권위를 누리며 보람을 찾으려 하는 이때에 시원찮은 녀석의 실패까지 떠맡는 꼴이 되어버린 것이었다.

드디어 우리에게 DNA 연구를 그만두라는 결정이 내려졌다고 페루츠가 전해주었다. 결정을 내리기 전에 브래그 경이 페루츠와 켄드루에게 자문을 구하자 그들은 우리의 연구 방법이 그리 독창적인 것은 아니라고 답했다고 한다. 덕분에 브래그 경은 혹시라도 자신이 과학의 진보를 가로막은 장본인이 될지도 모른다는 마음의 부담을 덜고 결정을 내릴 수 있었다. 폴링이 DNA의 나선구조를 밝혀낸 이후, 그는 아주 단순한 사람들이나 이를 믿을 뿐, 그 이상도 이하도 아니라고 생각하고 있었다. 나선구조에 대한 연구는 킹스 대학이 책임지도록 내버려두면 되는 것이었다. 그렇게 된다면 크릭은 학위논문의 주제, 즉 비중이 다른 소금물에서 헤모글로빈 결정의 수축에 관한 연구에 전력을 경주할 수 있을 것이고, 1년이나 1년 반쯤 꾸준히 일을 하다 보면 헤모글로빈 분자의 형태에 관해서 무엇인가 좀더 확실한 것을 알아낼 수 있을 것이다. 그때 박사학위를 대충 줘버리면 그도 일자리를 찾아 떠나지 않겠는가.

그 누구도 이 결정에 대해서 이의를 제기하지 못했다. 당사자인 우리도 공개적으로는 브래그 경의 결정에 대해서 항의하지 못했다.

페루츠와 켄드루 두 사람은 안심한 모양이었다. 만약 우리가 여기서 드러내놓고 이의를 제기한다면 DNA가 무엇의 약자인지도 모르는 그들의 무식을 폭로하는 것밖에 되지 않을 것이었기 때문이다. 브래그 경은 DNA를 그가 최근 비누거품 모형으로 만든 금속구조의 100분의 1만큼도 중요하게 생각하지 않았다. 브래그 경은 거품이 서로 충돌하는 장면을 촬영해, 사람들에게 보여주는 즐거움에 빠져 있었다.

우리는 브래그 경과 싸워봤자 소용이 없다고 생각하고 더 이상 우리 주장을 펴지 않기로 했다. 게다가 우리는 당-인산을 뼈대로 한 모형 때문에 난관에 처한 만큼 지금은 때가 아니라고 판단한 것이다. 사실 우리가 고안한 모형이긴 했지만 찬찬히 들여다보면 허술한 구석이 너무 많았다. 우리는 킹스 대학의 일행이 다녀간 다음날 우리가 만든 모형과 그 모형을 토대로 생각할 수 있는 모든 변형들에 대해 일일이 검토했다. 아무래도 당-인산 뼈대를 나선의 중앙에 놓으면 다른 원자들이 화학법칙으로는 도저히 불가능할 정도로 서로 가까이 붙어버리는 게 문제인 것 같았다. 하지만 그렇다고 한 원자를 적당한 거리로 떼어놓으면 다른 원자와의 거리가 너무 가까워지는 것이었다.

결국 우리는 모든 것을 처음부터 다시 시작해야 했다. 안타깝게도 지난 일 때문에 킹스 대학과도 서먹한 관계가 되어 새 실험 결과를 검증할 곳도 마땅치 않았다. 앞으로는 관련 세미나에 그들을 초대해도 그들은 응하지 않을 것이다. 윌킨스의 의중을 슬쩍 떠본다 해도 그는 아마 이자들이 또 쓸데없이 DNA를 만지고 있나 하며 경계나 하게 될 것이다. 그러나 우리가 모형 연구를 단념한다고 해서 킹스 대학이 그만큼 더 활발하게 연구할 것 같지도 않았다. 우리가 아는 바에 의하면 킹스 대학에서는 아직 원자의 3차원 모형조차도 만든 적이 없었다. 사정이 이런데도 우리는 연구를 빨리 진척시키기 위해 우리의 원자 모형들을 제공하겠다고 제의했지만 그들은 선뜻 응하지 않았다. 대신 윌킨스는 몇 주 내로 모형을 만들어놓을 터이니 누구라도 런던에 오면 보여주겠다고 약속했다.

당시 크리스마스 무렵이면 영국에서 누군가에 의해 DNA의 비밀이 밝혀질 것이라는 전망이 나돌았었는데, 이는 완전히 뜬소문이 되고 말았다. 크릭은 단백질 연구로 방향을 돌리긴 했지만, 브래그 경의 지시에 따라 하는 학위논문 연구가 도무지 성에 차지 않는 모양이었다. 그는 처음 2, 3일 동안은 잠잠하더니, 이내 알파 나선 그 자체가 초나선으로 꼬여 있다는 새 가설을 내세우며 다시 논의의 물꼬를 텄다. 물론 DNA에 관해서는 점심 시간에 나하고만 이야기했다. 다행히 켄드루는 머릿속으로 연구하는 것까지야 어떻게 하겠느냐며 사실상 묵인해주었고, 나를 미오글로빈 연구에 다시 끌어들이지도 않았다. 그렇게 우울하고 침울한 나날이 이어지는 동안 나는 이론화학 공부를 하거나, DNA 연구의 단서가 될 만한 잡지를 뒤적이며 시간을 때웠다.

그 무렵 내가 가장 탐독한 책은 크릭이 가지고 있던 『화학결합의 본질』이었다. 이 책은 크릭이 화학결합의 정확한 길이를 찾을 때도 자주 참고한 책으로 실험대 위에 펼쳐져 있을 때가 많았다. 나는 어쩐지 폴링이 지은 이 명저 속에 문제의 비밀이 숨어 있을 것 같은 생각이 들었다. 그래서 크릭이 책을 한 권 더 사서 나에게 선물했을 때 진심으로 고맙게 받았다. 그 책 안쪽에는 "프랜시스(Francis)로부터 짐(Jim)에게, 1951년 크리스마스"라는 크릭의 친필 서명이 들어 있었다. 선물이라는 것이 참으로 유익할 때가 있는 기독교식 전통이로구나, 그때 나는 처음으로 깨달았다.

15

크리스마스 휴가 때 나는 케임브리지를 떠나 있었다. 에이브리언 미치슨이 그의 부모님이 살고 있는 킨타이어 해변의 캐러데일로 나를 초대했기 때문이다. 나는 흔쾌히 이 초대에 응했다. 유명한 작가인 미치슨의 어머니 나오미와 노동당 소속의 국회의원이었던 아버지 딕은 휴가철이면 그들의 대저택에 각계의 유명인사들을 초청하여 지내는 것이 취미였다. 미치슨의 어머니는 영국의 한 시대를 대표하는 유명한 생물학자인 홀데인(J. B. S. Haldane)의 누이동생이기도 했다. 유스턴 역에서 미치슨과 그의 여동생 밸을 만났을 때 나는 DNA 연구가 암초에 부딪친 현실도, 또 내년의 장학금 걱정도 깨끗이 잊고 있었다. 글래스고 행 야간열차는 만원이어서 나는 바닥에 짐을 깔고 앉은 채 열 시간이나 여행을 했다. 옥스퍼드에는 매년 미국 유학생 수가 증가하지만 도대체 그들은 아무 재미도 없고 촌닭 같다는 둥 떠드는 밸의 수다를 들으면서.

글래스고에서 나는 여동생 엘리자베스를 만났다. 여동생은 코펜하겐에서 프레스트윅까지 비행기로 왔다고 했다. 2주 전에 여동생으로부터 받은 편지에는 덴마크 남자 하나가 그녀를 따라다닌다는 내용이 쓰어 있었다. 그 덴마크인이 인기절정의 배우라는 사실이 못마땅했던 나는 엘리자베스를 캐러데일로 같이 데려가도 좋은지 미치슨에게 물어보았다. 미치슨은 흔쾌히 허락했다. 한적한 시골의 색다른 집에서 2주일이나 지내다 보면 엘리자베스도 덴마크로 시집갈 생각 같은 건 잊어버릴 것이라고 생각했다.

우리는 캠벨타운의 버스 정류장에서 미치슨의 아버지 딕 미치슨을 만나 그의 차로 20마일의 언덕길을 달려 스코틀랜드의 조그마한 어촌에 도착했다. 그곳은 미치슨의 부모님이 20년간 살아온 곳이었다. 우리가 복잡하게 연결된 복도를 거쳐 식당에 들어섰을 때 저녁 식사 중이었던 방안에는 얼른 보기에도 재치가 넘치고 기품 있는 대화가 한창이었다. 미치슨의 형, 머독(Murdock)은 동물학자였다. 그는 세포분열 등 사람들이 잘 모르는 주제에 대해 장황하게 떠들면서 혼자 좋아하고 있었다. 그 자리의 주제는 주로 정치나 전쟁에 관한 이야기였다. 냉전이나 부추기는 미국 정치인들은 하루빨리 서방의 중서부 소도시로 돌아가야 한다며 토론이 한창 이어졌다.

이튿날 아침 일어나니 추위가 정말 대단했다. 침대에 하루 종일 꼼짝 않고 드러누워 있다가 답답해지면 바깥을 잠깐 산책하는 정도로 만족해야 했다. 미치슨의 아버지는 오후에는 꼭 누군가를 데리고 비둘기 사냥을 나갔다. 나도 한 번 따라가보긴 했지만 비둘기가 날

클레어 다리를 배경으로 자세를 취한 엘리자베스 왓슨

아가고 난 뒤에야 겨우 한 방 쏘아보고 그 후로는 그만두었다. 대신 응접실 난롯가에 드러누워 지냈다. 때로는 서재에 가서 윈덤 루이스 (Wyndham Lewis, 영국의 화가, 작가)가 그린 미치슨의 어머니와 형제들의 근엄한 초상화 밑에서 탁구를 즐겼다.

아무 생각 없이 편하게 지내던 나는 1주일이 지나면서 좌파 성향의 이 가족들이 손님들의 옷차림에 신경을 쓰고 있다는 것을 알아차렸다. 나는 미치슨의 어머니와 몇몇 부인들이 저녁 식사 때마다 정장 차림인 것을 보고, 노인네들의 부질없는 습관이라고만 생각했었다. 그 무렵 내 머리 스타일도 미국식을 벗어나 있었지만 나는 내 모습이 튄다고 생각한 적이 한 번도 없었다. 내가 처음 케임브리지에 도착한 날의 이야기다. 페루츠가 나를 소개하자 오딜은 내 모습에 굉장히 놀란 모양이었다. 그녀는 그날 밤 크릭에게 "미국에서 웬 대머리 총각이 공부하러 왔나 했어요"라고 말했다는 것이다. 그래서 나는 케임브리지의 분위기에도 맞출 겸 당분간 머리를 기르기로 했다. 이런 내 모습을 본 여동생이 처음에는 깜짝 놀랐지만 곧 외모에 대한 그녀의 생각도 영국의 분위기에 익숙해질 것이라고 생각했다. 그리고 휴가차 온 이곳은 익명성이 보장되기에 일탈하기에는 더없이 안성맞춤인 곳이라 생각하고 아예 수염마저 기르기 시작했다. 나는 수염이 붉은 것이 마음에 들지 않았고 찬물로 면도할 때마다 고통스러웠지만 꾹 참았다. 그러나 벨과 머독이 못마땅한 눈치를 보내고, 내 여동생마저 불쾌해하는 것을 보고 1주일 만에 깎아야 했다. 미치슨의 어머니가 가장 반가워했다. 나는 속으로 역시 수염을 깎길 잘했다고 생각할 수밖에 없었다.

저녁에는 모두 모여서 낱말 맞추기 게임을 하고 놀았는데, 이 게임은 어휘력이 풍부한 사람일수록 유리했다. 나는 도저히 따라갈 수가 없어 늘 의자 뒤로 숨어버리고 싶은 심정이었다. 다행히도 워낙 사람이 많아서 내 차례는 그렇게 자주 오지 않았다. 그것보다 재미있었던 놀이는 2층 마루방의 어두운 구석에서 하는 살인자 찾기 놀이였다. 그 놀이에서 가장 잔인한 연쇄살인범은 미치슨의 여동생 로이스였다. 재미있는 것은 로이스가 파키스탄의 카라치에서 교사로 있다가 최근에 돌아왔으며, 인도의 채식주의자들을 강력하게 옹호한다는 점이었다.

나는 이 집에 머무는 동안 좌파 성향이 농후한 미치슨 가가 몹시 마음에 들었다. 겉문을 항상 열어놓아서 바람이 그대로 실내에 들이닥치기는 했지만, 이 정도는 영국 사과주가 반주로 나오는 점심 식사를 생각하면 불편한 것도 아니었다. 그러나 아쉽게도 머독이 런던에서 열리는 실험생물학회에서 내가 발표하도록 했기 때문에 나는 어쩔 수 없이 새해 3일에는 떠나야 했다. 떠나기 이틀 전에는 눈이 엄청나게 많이 와서 메말랐던 황무지가 온통 남극의 빙산같이 보였다. 눈으로 교통이 막힌 캠벨타운은 도로를 따라 오후의 산책을 즐기기엔 안성맞춤이었다. 동행한 미치슨이 그의 학위논문 주제인 면역성의 이식에 관해 이야기하는 동안, 나는 그의 이야기를 건성으로 들으면서 내가 떠나는 날 제발 폭설이라도 내려 이 길이 두절되기를 바라고 있었다. 그러나 날씨는 내 편이 아니었다. 이틀 후 우리

일행은 집을 떠나 타버트에서 클라이드 기선을 탔고 다음날 아침에는 런던에 도착했다.

　케임브리지로 돌아가면 미국에서 내 장학금에 관한 통지가 와 있을 줄 알았으나 아무런 소식이 없었다. 걱정하지 말라는 루리아의 편지가 온 것이 지난 11월이었는데, 지금까지 아무런 소식이 없는 것은 아무래도 불길한 징조 같았다. 아직도 결정이 안 난 것으로 보아 최악의 경우에도 대비해야 할 듯했다. 하지만 설령 장학금이 중단된다 해도 생활이 약간 불편해질 뿐 그냥 죽으란 법은 없었다. 만약 장학금이 완전히 끊기면 켄드루와 페루츠가 영국에서 적은 액수지만 생활비를 지급하겠다고 약속했기 때문이다. 1월이 다 되어갈 무렵, 그동안 어쩡쩡하던 내 신분은 워싱턴에서 날아든 한 장의 편지로 확실해지고 말았다. 나는 탈락한 것이다. 장학금은 지정된 연구소에서 일을 할 때에만 유효하다는 장학금 지급규정이 편지에 적혀 있었다. 내가 이 규정을 위반하였으므로 장학금 지급을 중단한다는 것이었다.

　편지의 두 번째 구절은 그 대신 다른 장학금을 지급한다는 소식을 전하고 있었다. 그러나 그 장학금이란 것도 나의 불안정한 체류 기간을 끝내지는 못했다. 장학금은 통상적으로 12개월간 지급되는데 이에 반해 새 장학금은 8개월, 즉 내년 5월 중순까지만 지급된다는 것이었다. 위원회의 지시대로 스톡홀름으로 가지 않은 데 대한 벌금이 1천 달러인 셈이었다. 신학기가 시작되는 9월 안에 다른 장학금을 구한다는 것은 당시로서는 사실상 불가능했다. 나는 군말없이 그 돈을 받기로 했다. 2천 달러를 그냥 날려 보낼 수는 없는 일이니까.

그로부터 1주일 후 워싱턴에서 또 한 통의 편지가 날아들었다. 동일한 사람이 서명한 것이었지만, 이번 것은 장학금위원회 위원장으로서가 아니라 국립연구협의회의 위원장 명의였다. 편지에는 그 위원회에서 주최하는 학회에 와서 바이러스의 생장에 관해 강연을 해달라고 적혀 있었다. 학회는 윌리엄스타운에서 6월 중순에 열릴 예정이라고 했다. 그때는 장학금이 만료되고 나서 한 달 후가 된다. 나는 6월이 아니라 그 이후인 9월까지도 영국을 떠날 생각이 전혀 없었다. 당장의 문제는 답장을 어떻게 보내느냐 하는 것이었다. 예기치 않았던 경제적 곤란을 핑계로 댈까 생각해보기도 했지만 이내 생각을 고쳐먹었다. 그렇게 된다면 그가 나를 곤경에 빠뜨리는 데 성공했다고 생각할 것 같아서였다. 나는 케임브리지의 지적 분위기가 마음에 들어 6월까지는 미국에 돌아갈 계획이 전혀 없다고 써서 보내버렸다.

16

이제 나는 당분간 담배 모자이크 바이러스(tabacco mosaic virus, TMV)에 관한 일이나 하는 척하며 지내기로 작정했다. TMV의 핵심 성분은 핵산이었기에 나는 DNA에 관한 관심을 계속 이어가면서도 남들에게는 내가 DNA에 집착하고 있다는 것을 감출 수 있었다. 물론 TMV의 핵산은 DNA가 아니고 리보핵산(RNA)이다. 이렇게 되면 윌킨스는 RNA에는 전혀 간섭하지 않을 것이고, RNA와 DNA의 미묘한 차이도 내게는 유리하다면 유리한 점이었다. RNA를 해결하면 그것은 곧 DNA 해결의 실마리가 될 수도 있는 것이었다. TMV의 분자량은 약 4천만으로 추정되었다. 이는 켄드루나 페루츠가 몇 년을 연구하면서도 이렇다 할 결과를 얻지 못하고 있는 미오글로빈이나 헤모글로빈 분자보다도 엄청나게 많은 수치여서 정말 다루기 힘들었다.

뿐만 아니라 TMV는 예전에 버널(J. D. Bernal)과 팬쿠큰(I.

Fankucken)이 X선으로 연구한 적이 있는데, 나로서는 이것도 부담스러웠다. 나 같은 조무래기가 어떻게 버널의 천재적인 두뇌를 따라잡아 그처럼 결정학적 이론을 자유자재로 구사할 수 있겠는가. 나는 2차대전이 일어난 직후 《일반생리학저널(Journal of General Physiology)》에 실린 그의 고전적인 논문조차도 제대로 이해하지 못하고 있었다. 이 논문은 성격상 《일반생리학저널》에는 어울리지 않았다. 당시 버널은 군에서 의뢰받은 연구에 몰두하고 있었는데, 미국으로 막 돌아온 팬쿠큰이 바이러스 학자들에게 도움이 될 것 같아 이 잡지에 수록한 것이었다. 전쟁이 끝난 후 팬쿠큰은 바이러스에 대한 연구를 접었고, 버널은 단백질 결정학에 손을 대고는 있었으나 공산주의 국가와의 우호를 증진시키는 데 마음을 더 쓰고 있었다.

이론적 근거가 많이 빈약하긴 했지만 논문에서 그들이 내린 결론에는 참조할 점이 많았다. 그들은 TMV가 수많은 동일 단위체로 구성되어 있다고는 했으나, 그 배열 상태에 대해서는 밝혀내지 못하고 있었다. 지금이야 단백질에는 수많은 단위체가 존재하고 RNA는 그렇지 않다고 생각하는 것이 너무나도 당연하게 여겨지고 있지만, 1939년 당시만 해도 단백질과 RNA가 근본적으로 다른 방식으로 구성되어 있으리라고 생각하는 사람은 거의 없었다. RNA에 단위체라는 것이 있다면, 그것은 결국 폴리뉴클레오티드 사슬일 것이다. 하지만 이 사슬은 유전자를 수용하기엔 너무 작았다. 따라서 TMV는 RNA가 중심에 자리 잡고 그 주위를 단백질로 된 수많은 단위체들이 둘러싸고 있는 구조라고 생각하는 것이 제일 그럴듯한 가설이었다.

사실 단백질을 구성하는 단위체에 관한 생화학적 증거는 이미 널리 알려져 있었다. 1944년에 독일인 게르하르트 슈람(Gerhard Schramm)이 자신의 첫 논문을 통해 TMV 입자를 약한 알칼리로 처리하면 유리(遊離) RNA 및 단백질과 유사한 분자로 분리된다는 것을 밝혀냈다. 그러나 독일을 제외한 그 어떤 나라에서도 슈람의 논문을 믿는 사람은 없었다. 이는 전쟁 탓이기도 했다. 패색이 짙은 전쟁 말기에 그토록 방대한 실험을 나치가 허용했을 리 없다고 사람들이 지레 짐작한 것이었다. 더구나 나치가 직접 지원하여 수행되었으므로 결과가 잘못 해석되었을 것이라고 짐작하는 것도 무리는 아니었다. 따라서 슈람의 실험을 입증하는 것은 시간 낭비에 불과하다는 것이 생화학자들의 공통된 생각이었다. 그러나 나는 버널의 논문을 읽고 나서 갑자기 슈람의 논문에 굉장한 흥미를 느꼈다. 자신의 데이터를 잘못 해석했다 하더라도 그가 우연찮게나마 바로 정답을 찾아냈다는 생각이 들었기 때문이었다.

몇 개의 X선 사진만 더 확보된다면 단백질 단위체가 어떻게 배열되는지를 알아낼 수 있을 것 같았다. 그리고 만일 그 단위체들이 나선상으로 포개어져 있다면 분명 더 쉬운 일일 것 같았다. 나는 흥분하여 철학 도서관에 있는 버널과 팬쿠큰의 논문을 몰래 실험실로 가져와서 논문 속의 X선 사진을 크릭에게 보여주었다. 그는 나선구조의 특징인 여백 부분을 사진에서 발견하고는 곧 나선형 TMV

의 구조로 생각할 수 있는 몇 가지 종류를 단숨에 나열했다. 이때부터 나는 나선 이론을 이해하지 못하면 아무 일도 할 수 없겠다는 사실을 깨달았다. 크릭이 옆에서 도와준다면 수학공부를 안 해도 되겠지만, 그 대신 크릭이 없을 때는 나는 그저 벌을 받는 기분으로 마냥 가만히 있어야만 했다. 다행히 TMV의 X선 사진이 축을 따라 23Å마다 한 번씩 회전하는 나선이라는 사실은 그리 지식이 깊지 않아도 알 수 있었다. 사실 그 규칙도 매우 간단해서 크릭은 그것을 「조류(鳥類) 관찰자를 위한 푸리에 변환(Fourier Transforms for the Birdwatcher)」이라는 제목으로 논문을 쓸 생각까지 했을 정도였다.

그러나 이번에는 크릭이 예전처럼 주도적으로 나서려 하질 않았다. TMV의 나선구조에 대한 증거는 대수롭지 않다는 식이었다. 내 사기도 자연히 저하될 수밖에 없었고 급기야 나중에는 단백질 단위체가 정말 나선형일까 하는 근본적인 의문까지 품게 되었다. 어느 날 저녁 식사 후 심심하던 차에 나는 우연히 「금속의 구조(The Structure of Metals)」에 관한 패러데이 학회의 논문집을 읽게 되었다. 그 책에는 결정의 형성 과정에 관한 이론물리학자 프랭크(F. C. Frank)의 독창적인 이론이 수록되어 있었다. 그는 이론상의 결정형성 속도는 실제 관측치와 보통은 다르게 나오지만, 흔히 생각하는 것처럼 결정은 규칙적인 것이 아니며 새 분자들이 붙을 수 있는 최적 결합부위가 항상 생겨난다고 해석하면 이 모순은 해결된다고 적고 있었다.

며칠 후 옥스퍼드로 가는 버스 안에서 나는 각각의 TMV 입자도 최적 결합부위를 지닌 다른 결정체와 마찬가지로, 새 분자가 쉽게 붙는 자리를 만들어가면서 성장해가는 것이 아닐까 하고 생각하였다. 적합한 결합 자리를 만들어내는 가장 중요하고 가장 간단한 방법은 단위체들을 나선형으로 배열하는 것이었다. 너무나 단순한 착상이었기 때문에 오히려 더욱 설득력이 있어 보였다. 그날 나는 옥스퍼드 건물의 나선형 계단을 보면서 생물학적 구조도 이처럼 나선형의 대칭성을 가지고 있음에 틀림없다고 자신했다. 그 후 1주일 동안, 나는 나선구조에 대한 실마리를 찾기 위해 근섬유나 콜라겐 섬유의 전자현미경 사진을 열심히 들여다보았다. 그러나 크릭의 반응은 여전히 시큰둥했다. 무언가 결정적인 계기가 생기지 않는 한 그를 다시 끌어들이기는 어려울 것 같았다.

그 무렵 TMV의 X선 사진을 찍는 필수 장비인 X선 카메라의 작동법을 가르쳐주기 위해 휴 헉슬리가 나에게 왔다. 나선임을 증명하는 방법은 방위를 고정시킨 뒤 TMV 시료를 X선에 대해서 여러 각도로 기울여 찍는 것이라 했다. 2차대전 전까지는 아무도 나선을 중요시하지 않았기에 팬쿠큰도 이런 일은 물론 처음이었을 것이다. 나는 여분의 TMV 시료를 확보하기 위해 로이 마컴에게 갔다. 마컴은 그 당시 케임브리지의 다른 곳과 달리 난방시설이 잘 된 몰티노 연구소에서 일하고 있었다. 그 연구소 소장으로 별명이 '번갯불 교수'였던 데이비드 킬린(David Keilin)의 천식이 심해 난방시설을 잘 꾸며놓은 것이다.

나는 20도의 실온이 늘 유지되는 이 방이 마음에 들었다. 마컴이 나에게 그리 호의적이지 않다는 것을 뻔히 알면서도 이 따뜻한 실내가 좋아서 될 수 있는 한 오래 눌러앉았다. 그날은 어쩐 일인지 마컴이 나의 방문을 퍽 반기면서 TMV를 선뜻 제공해주었다. 언제나 말로만 떠들더니 이제야 드디어 진짜로 실험을 하는구나 싶었는지 무척 기쁜 얼굴이었다.

어느 정도 예상은 했지만, 내가 처음 찍은 X선 사진은 형편없이 조잡했다. 한 달 정도 지나서야 겨우 그런대로 쓸 만한 사진을 찍게 되었지만 나선구조를 입증할 만한 사진을 찍기에는 너무나도 미숙한 실력이었다. 그해의 2월 중에 기억에 남는 일은 제프리 로튼(Geoffrey Roughton)이 애덤스 가에 있는 그의 집에서 연 가장무도회였다. 하지만 크릭은 웬일인지 그 파티에 가지 않겠다고 했다. 로튼이 아가씨들도 많이 온다고 꾀어보았지만 그는 끝내 거절했다. 대신 크릭의 아내인 오딜이 가고 싶어하기에 나는 왕정시대 병사풍의 옷을 빌려서 오딜과 함께 무도회에 갔다. 문을 열고 홀에 들어선 순간, 나는 어떤 황홀한 기대감에 가슴이 두근거렸다. 케임브리지에 와 있는 많은 외국인 여학생들이 벌써 술에 취해 정신없이 춤을 추고 있었다.

1주일 후에는 '열대의 밤'이라는 이름의 무도회가 열렸다. 오딜은 그 파티에도 가고 싶어했지만 크릭은 이번에도 참석하지 않았다. 그러나 크릭을 따라 참석하지 않는 편이 훨씬 나았을, 뻔하고 볼 것 없는 파티였다. 홀에는 사람들이 반도 차지 않았고, 아무리 술을 마셨다고 한들 사람들이 보는 앞에서 서툰 춤을 추자니 어색하기 짝이 없었다. 이렇게 신나게 지내는 중에 한 가지 마음에 걸리는 것이 있었다면 그것은 라이너스 폴링이 왕립학회에서 주최하는 단백질 구조 세미나에 참석하러 5월에 런던을 방문한다는 소식이었다. 그가 이번에 와서 무슨 일을 할지는 아무도 예상할 수 없었다. 특히 나는 그가 우리 연구소라도 불쑥 방문하면 어쩌나 하는 생각에 가슴이 조마조마했다.

17

어찌된 셈인지 폴링은 런던에 오지 못했다. 알고 보니 아이들와일드 공항에서 여권이 취소되는 바람에 아예 출국을 못한 것이다. 당시 미국 국무성은 무신론적인 공산주의의 팽창을 억제하느라 신경을 곤두세웠는데, 세계를 누비며 자본주의를 비난하는 폴링 같은 과학자의 행보를 사전에 봉쇄한 것이었다. 만약 그를 내버려둔다면 런던 공항에서 기자회견을 통해 또 세계평화를 외치는 장면은 불을 보듯 뻔한 일이라고 당국은 판단한 모양이었다. 당시 국무장관인 애치슨(Acheson)이 곤경에 처한 터였고, 소문난 반공주의자인 매카시(McCarthy) 의원 같은 이에게 미국 정부가 민주주의에 역행하는 급진주의자들을 보호하고 있다고 공격할 빌미를 주어서는 곤란하다는 게 명분이라면 명분이었다.

이 뜻밖의 소식이 왕립학회에 전해졌을 때 이미 크릭과 나는 런던에 가 있었다. 처음 이 소식을 들었을 때, 우리는 우리의 귀를 의

심했다. 폴링이 뉴욕으로 가는 도중 비행기에서 갑자기 몸에 이상이 생겼다는 소식이라면 차라리 받아들이기 쉬웠을 것이다. 세계 정상급의 과학자가 아무런 정치적 색채가 없는 학회에 타의에 의해 참석하지 못한다는 것은 소련에서나 있을 법한 일이었다. 정상급의 소련 과학자라면 서방세계로 망명이라도 한다지만, 폴링의 경우는 그럴 염려조차 없었다. 왜냐하면 그는 가족과 함께 칼텍에서 아주 만족스럽게 살고 있었으니까.

한편 칼텍의 고위층 가운데는 폴링이 스스로 그만두기를 은근히 바라는 사람들이 많았다. 그들은 폴링의 이름이 신문에 소개된 세계평화회의의 후원자 명단에 있는 것을 보고 펄쩍 뛰었다. 그럴 때마다 그들은 남부 캘리포니아에서 그를 쫓아낼 방법을 찾느라 골몰했다. 그러나 폴링은 고작《로스앤젤레스 타임스》나 읽으며 국제정세에 관해 떠드는 캘리포니아 졸부들의 행태에 전혀 개의치 않았다.

우리가 '바이러스 증식의 본질'을 주제로 개최되었던 일반미생물학회 회의에 참석하러 옥스퍼드에 갔을 때에도 정부가 학자들을 간섭하는 일이 늘상 일어났었다. 이 회의에서 강연할 예정이었던 루리아도 아무런 이유 없이 출발 2주일 전에 여권 발급을 거부당했다. 국무성은 여느 때와 마찬가지로 거부 이유를 밝히지 않았다.

졸지에 참석하지 못하게 된 루리아를 대신하여 내가 미국의 파지 연구 현황에 대해 강연을 하게 되었다. 다행히도 그 강연을 위해서 특별히 별도로 준비할 것은 없었다. 바로 며칠 전에 콜드 스프링 하버 연구소의 앨 허시(Al Hershey, 1969년 노벨 생리·의학상 수상)가 최신 연구 결과를 상세히 편지로 알려주었기 때문이다. 편지에 따르면 허시는 마서 체이스(Martha Chase)와의 공동 실험을 통해 파지에 의한 박테리아의 감염에서 가장 중요한 점은 바이러스의 DNA가 박테리아 속으로 들어가는 것임을 입증했다는 것이다. 그 실험에서 중요한 발견은 바이러스의 단백질은 박테리아 세포 안으로 거의 들어가지 않는다는 점이었다. 이는 DNA가 1차 유전물질이라는 것을 강력하게 시사하고 있었다.

그러나 내가 허시의 실험 결과를 발표하였을 때 참석한 4백여 명의 미생물학자들 중 그 내용에 흥미를 가지는 사람은, 파리에서 온 앙드레 르보프(André Lwoff, 1965년 노벨 생리·의학상 수상), 시모어 벤저(Seymour Benzer) 그리고 군터 스텐트 세 사람뿐이었다. 이들은 이 실험의 가치를 높이 평가했고, 앞으로 DNA가 모든 과학자들의 집중 연구 대상이 될 것이라고 예견했다. 그러나 나머지 대부분의 청중들은 허시의 이름을 흘려넘기고 있었다. 심지어 발표를 맡은 내가 미국인이라는 것을 밝히자 그들은 과학자로서의 나의 자질까지도 의심하는 것 같았다.

일반미생물학회를 이끄는 인물은 영국의 식물 바이러스 학자 보든(F. C. Bawden)과 피리(N. W. Pirie) 두 사람이었다. 보든의 박식함은 이미 정평이 나 있었다. 피리 또한 꼬장꼬장해서 어떤 파지는 꼬리를 가지고 있다느니 TMV의 길이는 고정되어 있다느니 하는 지엽적인 문제로 감히 대들지를 못했다. 나는 슈람의 실험을 언급하며 피리를 궁지에 몰아넣으려 했으나, 그는 그 따위는 아무짝에도 쓸모 없는 실험이었다며 물러서지 않았다. 다음으로는 정치적으로 논쟁의 여지가 별로 없는 관점으로 한발 물러나서 TMV 입자의 길이가 3000Å이라는 것이 생물학적으로 어떤 의의를 갖는 것이냐고 물어보았다. 그러나 그는 자연은 보다 단순한 것을 선호한다는 나의 견해에도 아무런 반응을 보이지 않았다. 바이러스는 너무 커서 그 구조를 제대로 정의하기가 어렵다는 답변뿐이었다.

르보프마저 참석하지 않았더라면 그 회의는 아무런 성과도 없이 끝나고 말았을 것이다. 그는 2가 금속이온이 파지의 증식에 어떤 역할을 하는지에 관심을 보이며 핵산의 구조에는 이온이 결정적으로 중요하다는 나의 주장에도 깊은 공감을 표시했다. 특히 흥미를 끄는 것은 특정 이온들이 고분자의 정확한 복제나 상동염색체끼리의 인력에 영향을 미칠 것이라는 그의 추론이었다. 그러나 로지가 고전적인 X선 회절법에 전적으로 의존하고 있었으므로, 그녀가 180도 연구 방향을 바꾸지 않는 한 우리의 가설은 시험할 방법이 없었다.

지난 12월 초 크릭과 나하고 대결한 이후, 킹스 대학에서도 더이상 이온에 관해 논의를 하지 않은 것 같았다. 윌킨스는 우리가 보낸 분자 모형을 만드는 도구가 도착했지만 그것을 만져본 사람이 아직 없다고 전해주었다. 지금으로서는 로지와 고슬링에게 모형 조립을 재촉해도 소용없을 것이라 했다. 윌킨스와 로지의 관계는 갈수록 악화되고 있는 것 같았다. 최근 들어 로지는 데이터를 들먹이며

1952년 봄, 리비에라로 가던 중 파리에서의 왓슨

DNA는 나선이 아니라고까지 우기고 있다는 것이다. 만일 이러한 상황에서 윌킨스가 나선 모형을 조립하라고 지시한다면, 그녀는 아마 구리철사를 가지고 모형 대신 윌킨스의 목을 감겠다고 덤벼들지도 모를 일이었다.

그래서 윌킨스가 원자 모형을 만든 주형을 되돌려줄까 물었을 때, 우리는 얼른 돌려달라고 했다. 때마침 우리는 폴리펩티드 사슬이 꼬여 있는 모양을 알기 위해 그 사슬의 모형을 만들어보려면 탄소원자의 모형이 필요하기도 했었다. 킹스 대학에서 일어나고 있는 일들을 제외하면 윌킨스는 매우 개방적이었기 때문에 나는 그가 편했다. 그는 내가 TMV의 X선 연구에 열심인 것을 보고 다시는 DNA에 빠져들지 않으리라고 안심했던 것 같았다.

18

내가 TMV가 나선임을 입증하는 X선 사진을 그렇게 쉽게 찍을 줄 윌킨스는 전혀 짐작하지 못했을 것이다. 그 무렵 캐번디시에 강력한 회전 음극 X선관이 막 설치되는 바람에 나는 이를 이용하여 예기치 않은 성공을 거둘 수 있었다. 이 초강력 장치를 이용한 덕분에 기존 장비보다 20배나 더 빠르게 사진을 찍을 수 있었고 따라서 불과 1주일 만에 TMV의 X선 사진도 두 배로 늘어났다.

그 무렵 캐번디시 연구소는 통상 밤 10시면 문을 닫았다. 연구소 정문 바로 옆에 수위실이 있었지만 늦은 밤에 수위를 깨우는 사람은 아무도 없었다. 오래전 러더퍼드가 밤 늦게까지 실험하느니 테니스나 치겠다고 한 것이 그대로 관행이 된 것이다. 러더퍼드가 세상을 뜬 지 15년이 지나도록 정문 열쇠는 하나뿐이었고, 이마저도 휴 헉슬리가 독차지하고 있었다. 헉슬리는 자신이 다루는 근섬유는 살아 있는 세포이므로 물리학자들처럼 낮에만 할 수 있는 실험이 아니라고 주장했다. 덕분에 나는 필요할 때마다 그에게 열쇠를 빌렸고, 또 실험 중일 때는 직접 계단을 내려와 육중한 문을 열어주기도 했다.

여름이 절정이던 7월의 어느 늦은 밤, X선관을 끄고 새로 찍은 TMV 시료 사진을 현상하러 연구소에 갔을 때 헉슬리는 없었다. 시료를 25도 정도 기울여두었기 때문에 운이 좋으면 나선임을 나타내는 반사점을 볼 수 있으리라 기대했다. 두근거리는 가슴을 안고 그때까지도 젖은 상태의 음화를 조명 상자의 불빛에 비쳐본 순간 나는 감격에 몸을 떨었다. 거기에는 나선을 표시하는 반사점이 너무나도 선명히 나타나 있었다. 드디어 루리아와 델브뤽에게 케임브리지까지 온 명분을 확실히 내세울 수 있게 된 것이다. 캄캄한 밤중인데도 불구하고 나는 하숙집으로 돌아가는 것조차 잊고 성취감에 젖어 연구소 뒤뜰을 한 시간 이상이나 돌아다녔다.

이튿날 아침 크릭이 나선이라고 확인해주기까지의 초조함은 말로 다 표현할 수 없었다. 마침내 크릭이 나타나서 문제의 반사점을 단 10초 만에 확인해준 후에야 나는 마음 한구석에 자리 잡고 있던 일말의 의심까지 말끔히 씻어낼 수 있었다. 나는 농담 삼아 이 X선 사진보다도 TMV에서 일반 결정체에서 보는 바와 같은 성장점이 있다는 것을 발견해낸 내 통찰력이 더 대단하지 않냐고 말했다. 내 말이 끝나기가 무섭게 크릭은 그따위 무비판적인 목적론은 위험하기 짝이 없는 것이라고 쏘아붙였다. 크릭은 상대가 누구든 하고 싶은 말을 입에 가두는 법이 없었고, 나에게도 역시 예외는 아니었다.

케임브리지에서는 누군가가 조금 엉뚱한 말을 해도 대충 넘어가는 경향이 있었지만 크릭은 절대 그냥 넘어가는 법이 없었다. 항상 딱딱하기만 한 케임브리지의 저녁 식사 자리도 크릭이 그 독특한 직설 화법으로 이국 여인들을 거론하며 1, 2분만 분위기를 띄우면 금세 유쾌한 자리로 변하곤 했다.

다음으로 우리가 넘어야 할 과제는 말하지 않아도 다 아는 것이었다. TMV 연구에서는 이만한 성과를 더 이상 빠른 시간 내에 거둘 수 없었다. 아무리 급하다 해도 기분만으로 TMV의 구조를 파헤칠 수 있는 것은 아니었기 때문이다. 좀더 전문적인 수단이 필요했다. 우리는 이것저것 궁리해보았지만 몇 년 이내에 RNA의 구조를 밝히기는 불가능하다고 결론을 내렸다. DNA로 가는 길은 TMV와는 방향이 너무 달랐다.

이제 우리는 오스트리아 출신의 생화학자 에르빈 샤가프(Erwin Chargaff)가 컬럼비아 대학에서 처음으로 발견한 DNA의 화학적 규칙성을 검토해보기로 했다. 샤가프는 각종 DNA 시료를 엄밀하게 분석하여 퓨린과 피리미딘의 상대 함량을 다음과 같이 발표한 바 있었다. 그가 발표한 바에 의하면 모든 DNA 시료에서 아데닌(A)과 티민(T) 분자의 수가 서로 비슷하고, 구아닌(G)과 시토신(C) 분자의 수도 비슷하며, A와 T의 총량은 생물의 종류에 따라 다르다는 것이었다. 어떤 생물에서는 A+T의 양이 많았고 어떤 종에서는 G+C의 양이 많았다. 샤가프는 이 현상이 중요하다고 생각했지만 그 의미를 온전히 파악하지는 못했다. 내가 이 사실을 크릭에게 처음 말했을 때 그는 자기 할 일만 계속할 뿐 별 반응이 없었다.

그러나 얼마 후 젊은 이론화학자 존 그리피스(John Griffith)와 이야기를 주고받다가 그는 문득 이 규칙성이 매우 중요할지도 모른다는 생각을 하게 되었다. 그에 앞서 어떤 계기가 있기는 했다. 천문학자 토미 골드(Tommy Gold)의 '완전한 우주론적 원리'라는 강연을 듣고 난 후 맥주를 마시면서였다. 난해한 개념을 아주 쉽게 설명하는 골드의 말솜씨에 반한 크릭은 그 이론을 '완전한 생물학적 원리'에도 적용할 수 있지 않을까 하고 생각했다.

그리피스는 유전자의 복제 이론에도 관심이 있었다. 크릭은 이 사실을 알고서 완전한 생물학적 원리라는 것은 결국 유전자의 자기복제성을 뜻하는 것이 아니겠냐고 물었다. 자기복제성이란 세포가 분열할 때 염색체 수가 두 배로 되는데, 이때 유전자가 정확하게 복제되는 것을 말한다. 그러나 그리피스의 견해는 크릭과 달랐다. 즉 그는 유전자는 상보적인 표면이 서로 교차되면서 복제가 일어난다고 생각하고 있었다.

물론 그리피스의 추론이 전혀 새로운 것은 아니었다. 이미 약 30여 년 동안 유전자의 복제에 관심이 있는 이론유전학자들이 비슷한 생각을 하고 있었다. 이 복제론의 요점은 마치 자물쇠와 열쇠의 관계처럼 원래의 유전자 표면에서 상보적인 상(像)이 형성되고 이것이 주형이 되어 새로운 유전자가 합성된다는 것이다. 물론 이 상보적 복제론에 반론을 펴는 소수의 유전학자들도 있었다. 그중에서도 가장 대표적인 인물이 멀러(H. J. Muller, 1946년 노벨 생리 · 의학상 수상)였다. 그는 파스쿠알 요르단(Pascual Jordan)을 비롯한 몇몇 이론 물리학자들이 주장하는, 동일한 물체 사이에는 인력이 존재한다는 가설을 지지했다. 반면 폴링은 멀러 등이 주장하는 유전자의 직접 복제론에 반대하는 입장이었다. 특히 그는 이 이론이 양자역학에 의하여 지지받고 있다는 말을 매우 싫어했다. 2차대전 직전 폴링은 요르단의 논문을 소개했던 델브뤽에게 상보적 주형에 의한 유전자 복제 메커니즘을 뒷받침하는 것이 양자역학이라는 논문을 《사이언스》에 공저자로 싣자고 제의한 적도 있을 정도였다.

그날 밤 크릭과 그리피스는 이미 진부해진 가설에 대해 한참 동안 의견을 나누다가 어찌 됐든 중요한 문제는 유전자가 복제될 때 이를 견인하는 힘이 무엇이냐 하는 것이라는 데 의견을 모았다. 이에 관해서 크릭은 특정 수소결합은 절대로 아닐 것이라고 강력히 주장했다. 화학을 전공한 크릭의 주위 친구들에 따르면 퓨린과 피리미딘 염기의 수소원자들은 고정된 위치에 있지 않고 여기저기 불규칙하게 분포되어 있다는 것이었다. 때문에 크릭의 생각에 의하면 수소결합은 독특한 특성을 유지할 필요가 있는 유전자 복제에서 견인력이 될 수 없었다. 대신 그는 DNA의 복제에는 염기들의 편평한 표면 사이에서 어떤 특이한 인력이 관여하고 있다고 생각했다.

다행스럽게도 이 힘은 그리피스도 정확히 계산할 수 있는 것이었다. 만일 상보적 복제론이 옳다면 계산의 결과는 구조가 서로 다른 염기 사이에 인력이 있고, 반면에 직접 복제론이 옳다면 같은 염기 사이에 이 힘이 존재할 것이었다. 가게 문을 닫을 시간이 되어 그리피스가 그 계산을 실제로 해보기로 하고 그들은 일어섰다. 며칠 후 캐번디시의 식당에서 둘은 다시 만났다. 그리피스는 크릭에게 정밀하게 계산해본 결과, 아데닌과 티민이 그 편평한 표면에서 서로 달라붙어 있고, 마찬가지로 구아닌과 시토신이 서로 붙어 있다고 말해주었다.

이 말을 듣자 크릭은 무엇이 정답인지를 곧장 알아차렸다. 그의 기억이 정확했다면 이 염기쌍은 샤가프가 분석한 결과로 서로 동량이라고 발표한 염기쌍과 정확히 일치하는 것이었다. 흥분한 크릭은 그리피스에게 언젠가 내가 샤가프의 실험 결과가 참 이상하다고 중얼거리더라는 말을 하였다. 그러나 그때는 그 염기쌍이 정확히 무엇이었는지 자신하지 못했다. 해서 데이터를 조사해서 확인하는 즉시 그리피스의 방에 들러 알려주기로 했다.

점심 시간에 나는 샤가프의 실험 결과에 대한 크릭의 기억이 옳다는 것을 확인해주었다. 그러나 어찌 된 셈인지 크릭은 그리피스에게 양자역학과의 관계를 상세히 물어보고는 더 이상 흥미를 보이지 않았다. 그리피스가 자신의 실험 결과에 대해 별 호응을 보이지 않자 그만 맥이 빠졌던 것이다. 그리피스의 입장에서는 그럴 만도 했다. 짧은 기간에 계산하느라고 그가 무시해버린 변수가 너무나 많았기 때문이다. 뿐만 아니라 각 염기는 두 개의 평면을 갖고 있는데도 한쪽만을 택해서 계산한 이유도 납득하지 못했다. 그리고 샤가프가 발견한 그 규칙성이 유전암호에서 유래되었다는 생각도 무시할 수 없었다. 특정 뉴클레오티드 그룹은 몇 가지 방법으로 특정 아미노산을 암호로 지정하고 있음이 틀림없었다. 또 아데닌과 티민의 양이 같은 이유는 뉴클레오티드의 배열 순서가 모종의 역할을 하기 때문인 것 같았다. 샤가프가 구아닌과 시토신의 양과 같다고 확신하듯 로이 마컴은 분명히 그렇지 않다고 확신하고 있었다. 마컴이 볼 때 샤가프의 실험 방법은 불가피하게 시토신의 양을 실제보다 낮게 어림했다는 것이었다.

그래도 크릭이 그리피스의 가설에 일말의 미련을 갖고 있던 7월 초의 어느 날이었다. 존 켄드루가 우리의 새 연구실에 오더니 샤가프가 곧 케임브리지에 와서 하루를 지낼 예정이라고 알려주었다. 그는 피터하우스에서 저녁 식사를 마친 후 자신의 방에서 술을 마실 예정인데 그때 크릭과 나도 함께하면 좋겠다고 했다.

어려운 손님을 모신 자리라 그랬는지 켄드루는 가급적 전공 이야기는 피하고 싶어했다. 다만 켄드루는 우리가 모형을 조립하여 DNA의 구조를 밝히려 한다고만 짧게 소개했다. DNA에 관한 세계적 권위자의 한 사람인 샤가프는 어쩌면 경쟁자가 될지도 모르는 우리의 출현에 처음에는 경계하는 눈빛이었다. 하지만 켄드루가 나를 전형적인 미국인과는 좀 다른 사람이라며 안심시키자 이내 나를 앞에 두고 노골적으로 바보 취급을 하기도 했다. 그는 내 머리 모양과 시카고식 억양도 비웃었다. 공군 요원이 아니냐는 오해를 피하기 위해 일부러 머리를 기른 것이라고 부드럽게 말했지만, 결국 이 변명은 내 마음의 동요를 내보이는 꼴이 되고 말았다.

샤가프는 염기 4종의 화학구조 차이를 크릭이 기억하지 못하자 아예 대놓고 우리를 무시했다. 크릭이 그리피스의 계산에 대해 말하다가 그만 실수를 하고 만 것이다. 어느 염기가 아미노기를 가지고 있는지를 기억하지 못해서, 그는 그리피스의 양자역학적 고찰을 정성적(定性的)으로 설명하기 위해 할 수 없이 샤가프에게 구조식을 좀 써달라고 부탁까지 했다. 크릭은 구조식이야 아무데서나 쉽게 구할 수 있다며 대수롭지 않게 여겼지만, 샤가프는 이 친구들이 제대로 알고는 있는 것인가 하며 우리를 전혀 인정하지 않는 눈치였다.

샤가프 앞에서 잠시 창피하기는 했어도 크릭으로서는 미진한 구석을 깨끗이 해결한 셈이었다. 이튿날 오후 크릭은 염기쌍에 관한 계산 결과를 좀더 분명히 확인받기 위해 트리니티 대학의 그리피스 연구실을 방문했다. 그리피스가 어떤 아가씨와 앉아 있어 쉽게 이야기를 꺼낼 상황은 아니었지만, 실례를 무릅쓴 채 계산에서 얻은 염기쌍에 관해 다시 한 번 설명해달라고 부탁했다. 그리피스의 설명을 봉투 뒷면에 날아가는 글씨로 받아쓴 그는 도망치듯 그곳을 나왔다. 그날 아침 나는 대륙으로 여행을 떠났기 때문에 크릭은 혼자 그 길로 철학 도서관에 가서 샤가프의 논문을 읽고 머릿속에 남아 있던 의문들을 풀었다. 크릭은 다음날 다시 그리피스에게 가려고 했으나, 순간 다음과 같은 생각이 떠올라 그만 발길을 돌리고 말았다. 어여쁜 아가씨와 함께 있을 텐데 과학의 미래 같은 것이 안중에 있을 리 있겠는가.

19

2주 후 나는 샤가프를 다시 만났다. 우리 둘은 파리에서 열린 국제 생화학회의에 참석하고 있었다. 소르본 대학의 웅장한 리슐리외 홀의 뜰에서 그와 마주쳤을 때, 내가 받은 인상은 오로지 그가 나를 잔뜩 비웃고 있다는 것이었다. 그때 나는 막스 델브뤽을 찾던 중이었다. 내가 코펜하겐에서 케임브리지로 떠나기 전에 그는 칼텍의 생물학과에 자리를 하나 마련해주면서 1952년 9월부터 소아마비 재단의 연구비를 받을 수 있도록 주선해주었다. 그리고 지난 3월에 내가 케임브리지에 1년 더 있고 싶다는 편지를 보냈을 때에도 그는 흔쾌히 그 연구비를 캐번디시로 돌리는 조처를 취해주었다. 그는 폴링이 연구하는 구조생물학의 가치를 인정하면서도 한편으로는 커다란 의문도 품고 있었다. 그러한 차에 나의 연구 계획을 그토록 신속하게 승인해준 델브뤽을 나는 정말 고맙게 생각하고 있었다.

나는 이제 마음만 먹는다면 얼마든지 나선형 TMV의 사진을 찍을 수 있었기에, 델브뤽이 케임브리지에 남으려는 나의 뜻을 충분히 이해해줄 것이라고 낙관했다. 그러나 이는 나의 희망사항이었을 뿐 몇 분 이야기해보니 그의 견해가 근본적으로 전혀 변하지 않았음을 알 수 있었다. 내가 TMV의 구조에 대해서 이야기했을 때도 그는 묵묵부답이었다. 모형을 통해 DNA의 구조를 규명하겠다는 계획을 요약하여 밝혀도 여전히 무표정이었다. 크릭의 머리가 아주 비상하다는 대목에서 그나마 잠깐 관심을 보이는 정도였다. 그마저 크릭을 폴링의 사고방식에 견주어 이야기했더니 이내 표정이 싸늘해지는 것이었다. 델브뤽은 어떤 화학적 가설도 유전학적 교배 법칙을 벗어날 수는 없다고 철저히 믿고 있었다. 그날 저녁 늦게 유전학자 보리스 에프루시(Boris Ephrussi)가 내가 케임브리지를 엄청 좋아한다는 이야기로 화제를 돌리자, 델브뤽은 듣기도 싫다는 듯 두 손을 내저었다.

이번 학회에서 단연 화제를 모은 것은 폴링의 갑작스러운 참석이었다. 지난번 그가 여권을 취소당했을 때 쏟아진 매스컴의 비난을 의식해 이번에는 미 국무성이 여행을 허가한 것이었다. 주최 측에서는 서둘러 페루츠가 속한 분과에 그의 강연을 추가로 배정하였다. 폴링의 강연 소식을 작고 간단하게 공고했는데도 강연장은 발 디딜틈 없이 가득 찼다. 폴링의 강연은 이미 발표된 내용을 대충 엮어 유머를 풍부하게 곁들인 수준이었다. 하지만 그의 최근 논문을 훤히 꿰뚫고 있는 우리 몇 사람을 빼고는 모든 청중이 대부분 만족한 표정이었다. 이번 강연은 별다른 이슈도 없었고, 현재의 연구 주제가 무엇인지에 대한 언급도 없었다. 강연이 끝나자 많은 사람들이 우르르 그에게 몰려들었다. 내가 이들을 헤치고 들어갈 용기가 없어 망설이는 사이에 그는 부인 에바 헬렌과 함께 근처의 트리아농 호텔로 가버렸다.

한구석에 윌킨스가 다소 부루퉁한 표정으로 서 있는 것이 보였다. 그는 브라질로 한 달간 생물물리학 강의를 하러 가는 길에 잠시 들른 것이었다. 나는 윌킨스가 폴링의 강연장에 온 것을 보고 내심 놀랐다. 2천 명이 넘는 생화학자들 틈에 끼어 시장바닥처럼 붐비는 강연장에 있는 모습이 평소 그의 성품과 어울리지 않아 보였기 때문이다. 강연이 끝난 후 함께 걸으면서 윌킨스는 솔직히 매우 지루했다며 나에게 강연 소감을 물었다. 자크 모노(Jacques Monod, 1965년 노벨 생리 · 의학상 수상)와 졸 슈피겔만(Sol Spiegelman) 같은 몇몇 학자들의 강연을 빼면 대개는 단조로운 강연들뿐이어서 그가 찾고자 하는 새로운 정보는 없었다는 평이었다.

나는 윌킨스의 기분도 풀어줄 겸 학회가 끝난 후 1주일 동안 로요몽(Royaumont)의 아베이에서 열리는 파지 학회에 함께 가자고 권했다. 그는 브라질로 가는 일정상 하루는 머물 수 있겠다며 기꺼이 승낙했다. 로요몽으로 가는 기차 안에서도 그는 안색이 좋지 않았다. 《더 타임스》도, 파지 연구자들에 대한 이야기도 그저 귀찮다는 투였다. 로요몽에 도착한 뒤 시토 수도회의 수도원에 숙소를 정한 다음, 나는 미국에서 온 친구들을 만나러 나갔다. 나중에라도 윌킨스가 합류할 줄 알았는데 그는 저녁 식사 때도 나타나지 않았다. 방

1952년 7월, 르요몽에서 열린 학회

으로 가보니 그는 엎드려 누워 있었고 내가 불을 켜도 일어나지 않았다. 속이 몹시 불편하다며 혼자 있게 해달라는 것이었다. 이튿날 아침 그는, 몸은 회복되었고 걱정을 끼쳐 미안하다며 파리로 가는 첫차를 타기 위해 먼저 간다는 쪽지 한 장만 남긴 채 떠나고 없었다.

그날 아침 늦게 르보프가 폴링이 내일 잠깐 다녀갈 거라는 말을 나에게 전해주었다. 나는 점심 시간에 그의 옆에 앉기 위해 계획을 세웠다. 그러나 그의 방문은 과학과는 전혀 관련이 없는 것이었다. 파리 주재 미국대사관의 과학담당관인 제프리스 와이먼(Jeffries Wyman)이 폴링 부부에게 13세기 건물을 구경시켜 주려는 것이었다. 그날 오전의 휴식 시간에 나는 앙드레 르보프를 찾고 있는 와이먼의 얼굴을 언뜻 보았다. 폴링은 이미 와서 델브뤽과 이야기를 나누고 있었다. 델브뤽은 1년 후 칼텍에서 일하게 될 사람이라며 나를 폴링에게 소개시켰다. 폴링과 나는 패서디나(Pasadena)에서도 내가 바이러스의 X선 연구를 계속할 수 있을지에 대해 주로 대화를 나누었다. 하지만 DNA에 관해서는 별로 이야기를 하지 못했다. 내가 킹스 대학에서 찍은 X선 사진을 내놓자, 폴링은 아주 정확한 아미노산 X선 연구가 궁극적으로 핵산을 이해하는 데 절대적으로 필요할 것이란 의견을 내놓았다.

나는 폴링의 부인 에바 헬렌과 오래 대화를 나누었다. 폴링 부인은 내가 케임브리지에 1년 더 있게 되었다는 얘기를 듣고는 그의 아들 피터 이야기를 꺼냈다. 피터가 브래그 경의 허락을 받고 켄드루 밑에서 박사과정을 밟기 위하여 케임브리지에 올 예정이라는 소식은 이미 들어서 알고 있었다. 칼텍에서의 성적이 뛰어나서가 아니라, 단핵세포증(mononucleosis)에 관해 오래 연구한 점이 인정되어 케임브리지에 올 수 있는 것이었다. 켄드루로서는 폴링의 요청을 딱히 거절할 수 없었을 뿐더러, 한편으로는 피터의 여동생인 금발 미인 린다가 피터를 찾아오면 멋있는 파티도 가끔 열 수 있지 않을까 하는 엉뚱한 기대도 있었을 것이다. 만약 린다가 오빠 폴링을 찾아온다면 케임브리지는 자연스레 활기를 띠게 될 터였다. 그 당시 칼텍의 화학과 학생 모두의 꿈은 린다와 결혼하여 명성을 날리는 것이었다. 그만큼 린다는 미인이었다. 피터에 관한 소문도 주로 여자에 관한 것이었고 실제로도 상당히 복잡했다. 하지만 폴링 부인은 함께 지내다 보면 누구나 피터를 좋아하게 될 거라고 은근히 자랑했다. 나는 속으로 피터보다는 차라리 린다가 캐번디시 연구소에 오면 좋을 텐데, 라고 생각했지만 내색은 하지 않았다. 그리고 폴링이 부인에게 그만 가자고 손짓을 했을 때 나는 피터가 오면 케임브리지의 엄격한 생활에 적응할 수 있도록 도와주겠다고 약속했다.

에드먼드 드 로스차일드(Edmond de Rothschild) 남작부인의 별장 상 수시(Sans Souci)에서의 가든파티를 마지막으로 학회는 막을 내렸다. 내게는 이 파티에 입고 갈 마땅한 옷이 없었다. 국제생화학회에 참석하러 가는 길에 기차에서 깜빡 잠이 들었다가 짐을 몽땅 도둑맞았던 것이다. 내 수중에 남은 것이라곤 군의 PX에서 산 소지품 몇 개와 나중에 이탈리아의 알프스에 갈 때 입으려고 준비했던 옷가지 몇 벌뿐이었다. 나는 아주 편한 기분으로 TMV에 관해 반바지 차림

1952년 8월, 이탈리아 알프스 산에서 휴가를 즐기는 왓슨

으로 강연했다. 이를 본 프랑스인들은 설마 내가 그 차림으로 상 수시의 가든파티까지 따라나서겠느냐 하는 눈치였다. 하지만 교외에 있는 큰 별장 정문에 버스 운전기사가 일행을 내려주었을 때, 나는 옷과 넥타이를 빌려 입어 제법 그럴싸한 차림이었다.

졸 슈피겔만과 나는 곧장 훈제연어와 샴페인이 놓여 있는 자리로 가서, 교양이 넘치는 상류사회의 만찬을 맘껏 즐겼다. 파티가 끝나고 돌아오는 버스를 기다리는 동안, 나는 할스(Hals, 네덜란드의 화가)와 루벤스(Rubens, 네덜란드의 화가)의 그림들이 걸려 있는 넓은 응접실을 둘러보고 있었다. 마침 남작부인이 여러 사람 앞에서 이렇듯 저명한 신사숙녀들을 모시게 됨을 기쁘게 생각한다고 말하고 있었다. 그리고 케임브리지에서 온 이상한 영국인이 참석하지 않아 파티의 분위기가 그다지 유쾌하지 못한 것 같아 유감이라고 덧붙였다. 처음에는 누구를 두고 하는 말인지 잠시 헷갈렸으나, 이내 르보프가 남작부인에게 옷도 제대로 차려입지 않은 손님 하나가 참석할지 모른다고 미리 귀띔해두었음을 알아차렸다. 상류사회 파티에 처음 참석했던 이날의 메시지는 너무도 분명했다. 내가 여느 사람들과 달리 튀는 행동을 했다면 다시는 이런 파티에 초대받지 못할 것이란 사실이었다.

20

여름 휴가가 끝날 때까지도 내가 DNA에 전력을 기울이는 기미를 보이지 않자 크릭은 실망하는 눈치였다. 당시 나는 연구 중이던 박테리아의 성(性) 문제에 정신이 팔려 있었다. 이는 크릭의 도움 없이 혼자서도 할 수 있는 연구였다. 크릭이나 오딜의 친구들 중 박테리아의 성생활에 관심을 보이는 사람은 아무도 없었지만, 어쨌든 박테리아의 짝짓기는 대단한 화젯거리였다. 그럼에도 불구하고 박테리아의 성 문제를 연구하는 과학자는 대개 2류급 학자들이었다.

박테리아에도 암수가 있다는 사실은 로요몽에도 이미 알려져 있었다. 내가 처음 이 사실을 안 것은 9월 초 팔란자에서 열린 소규모 미생물유전학회에서였다. 카발리-스포르차(Cavalli-Sforza)와 빌 헤이스(Bill Hayes)는 조슈아 리더버그(Joshua Lederberg, 1950년 노벨 생리 · 의학상 수상)와 함께 박테리아에 서로 다른 암수, 즉 두 성(性)이 존재함을 실험을 통해 확인했다고 발표한 것이다.

헤이스는 3일간의 학회에서 별로 눈에 띄는 존재가 아니었다. 그가 강연을 하기 전까지 카발리-스포르차 외에는 어느 누구도 그의 존재를 알아채지 못했다. 그러나 그가 겸손한 태도로 강연을 끝마치자 청중들 모두가 리더버그의 연구실에서 큰일을 해냈다며 탄성을 질렀다. 리더버그는 1946년 당시 불과 20세의 나이에 혜성처럼 등장하여 박테리아가 짝짓기를 하며 유전자 재조합 현상을 나타낸다고 발표하여 생물학계를 놀라게 한 인물이다. 그 이후로도 그는 사실상 카발리-스포르차를 제외하면 그 분야에선 누구도 대적할 수 없을 만큼 훌륭한 실험을 수행했다. 서너 시간 동안 끊임없이 프랑스 중세의 풍자작가인 라블레(Rabelais) 류의 풍자와 해학이 뒤섞인 리더버그의 강연을 듣고서, 사람들은 그를 소위 말하는 앙팡 테리블(enfant terrible, 무서운 아이들)로 인정하지 않을 수 없었다. 더욱이 그의 재능은 시간이 갈수록 더욱 비범해져 대체 어디까지 뻗어갈 것이지 궁금해질 정도였다.

리더버그의 뛰어난 활약에도 불구하고, 박테리아 유전학은 해가 갈수록 혼란만 가중되었다. 리더버그의 최근 논문은 마치 유대인들의 율법처럼 복잡하고 난해해서 그 자신만 이해할 수 있을 뿐이었다. 나도 몇 번이나 그의 논문을 읽어보려고 시도했지만 몇 페이지를 넘기지 못하고 나중으로 미루기 일쑤였다. 그러나 두 성의 발견으로 박테리아에 대한 유전 분석이 곧 간단하게 해결될 것이라는 것은 누구나 쉽게 예견할 수 있었다. 그러나 카발리-스포르차와 이야기해보니 의외로 리더버그는 그 문제를 그렇게 단순하게 생각하는 것 같지 않았다. 그는 각각 암수 세포들이 유전물질을 동일하게 반반씩 제공한다는 고전유전학의 입장에 서 있었다. 이 경우, 실험 결과의 분석은 아주 난해하고 복잡했다. 반면 헤이스는 박테리아 교배 시 수컷 염색체 물질 중 일부만이 암컷 세포로 들어간다는 입장이었고 이러한 가설에서 출발했기 때문에 그의 이론은 아주 간단했다.

케임브리지로 돌아오자마자, 나는 리더버그가 발표한 최근 논문을 찾아 도서관으로 직행했다. 유전학적 교배에 관해 이제까지 애매했던 내용들이 명쾌하게 정리되는 기분이 들었다. 물론 아직 일부 미진한 구석이 남아 있기는 했지만, 이제는 방대한 분량의 데이터가 얼추 앞뒤가 들어맞으면서 우리가 옳았음을 확신하게 되었다. 특히 기분 좋았던 일은 리더버그가 구태의연한 사고방식에 사로잡혀 있는 동안, 내가 그의 실험 결과의 의미를 정확하게 해석함으로써 그를 이길 가능성을 발견했다는 점이었다.

리더버그의 실험 결과를 깨끗하게 정리해보려는 나의 시도에 대해 크릭은 냉담한 반응을 보였다. 크릭 또한 박테리아가 암수로 성이 분화되어 있다는 것에 흥미를 느끼기는 했지만, 단지 그뿐 더 이상의 관심은 없었다. 그는 거의 여름 내내 자신의 논문을 위한 고리타분한 데이터들을 모으는 데 집중했는데, 이제는 좀 이야기가 될 만한 큰 주제에 전념하고 싶었던 것이다. 박테리아의 염색체가 하나건 둘이건 간에 DNA 구조를 찾아내는 데 무슨 도움이 되겠냐는 투였다. 내가 DNA에 관한 논문에 관심을 계속 유지하는 한, 점심 시간이나 차를 마시며 나누는 대화 중에도 기발한 아이디어가 불쑥 튀어나올 가능성이 있었다. 하지만 만일 내가 순수 생물학으로 돌아간다면, 폴링보다 겨우 한발 앞서 출발했다는 우위는 순식간에 사라져 버릴 것이다.

크릭은 샤가프의 법칙(Chargaff rules, 아데닌과 티민의 양이 같고, 구아닌과 시토신의 양이 서로 같다)이 DNA 구조 해명에 무언가 실질적인 열쇠가 될 것이라는 느낌을 마음에 간직하고 있었다. 그래서 내가 멀리 알프스에 머무는 동안에도, 그는 수용액으로부터 아데닌과 티민 사이 그리고 구아닌과 시토신 사이에 인력이 있음을 실험적으로 입증하려고 1주일간 실험에 몰두하기도 했다. 그러나 신통한 결과는 끝내 얻지 못했다. 게다가 어쩐 일인지 그리피스와의 대화도 그리 원만하지 못했다. 둘의 의견은 자주 충돌했고, 그리피스가 애써 생각해낸 가설을 크릭이 가차없이 비판하고 나면 한동안 어색해져서 서로 말도 하지 않고 지내곤 했다. 크릭이 윌킨스에게 아데닌이 티민을 끌어당기고, 구아닌이 시토신을 끌어당긴다는 사실을 알리지 않은 것도 이런 관계 때문만은 아니었다. 10월 하순 크릭은 다른 볼일로 런던에 가는 길에 킹스 대학에도 한번 들르겠다는 편지를 윌킨스에게 보냈다. 뜻밖에도 윌킨스로부터 점심까지 함께 하자는 답장을 받고 크릭은 한껏 고무되었다. 크릭은 윌킨스와 DNA에 관해 실감나는 토론을 하게 될 것을 기대했던 것이다.

그러나 크릭이 짐짓 DNA에는 별로 관심이 없는 것처럼 단백질에 관한 이야기를 먼저 꺼낸 것이 잘못이었다. 점심 시간의 절반이 지나도록 엉뚱하게 단백질에 관한 이야기만 하던 윌킨스는 다음 화제를 로지에게로 돌려, 공동 연구를 하기에 그녀가 너무 협조 정신이 부족하다는 말만 거듭했다. 크릭이 좀 재미있는 화제에 빠져들 무렵 식사 시간은 어느덧 끝나버렸고 그는 2시 반 약속 때문에 자리에서 일어나야 했다. 서둘러 식당에서 나와 거리에 섰을 때 크릭은 그리피스의 계산 결과와 샤가프의 실험 데이터가 일치한다는 사실을 말하지 않았다는 것을 깨달았다. 방금 인사를 하고 나온 터라 다시 들어가는 것도 바보스럽게 보일 것 같아서, 그는 그대로 케임브리지로 돌아와버렸다. 이튿날 아침 그는 어제 런던에서 있었던 일을 나에게 말한 후, DNA 구조를 규명하기 위한 두 번째 경쟁에 돌입하자며 강한 의욕을 내비쳤다.

그러나 나는 그다지 뾰족한 수단도 보이지 않는 DNA에 또다시 노력을 기울이는 일은 별 의미가 없다고 생각했다. 사실 지난해 겨울에 겪은 쓰라린 패배를 만회할 만큼 새로운 결과를 얻은 것도 아니었기 때문이다. 크리스마스 전까지 우리가 손에 넣을 수 있는 새로운 결과라곤 DNA를 지니고 있는 바이러스인 T_4 파지의 2가 금속 함량뿐이었다. 만일 그 함량이 많다고 밝혀지면 마그네슘 이온(Mg^{++})이 DNA에 결합하고 있음을 강하게 시사하게 되는 것이다. 그리고 그와 같은 근거만 확보된다면 킹스 대학 쪽 사람들에게 DNA 샘플을 분석하라고 큰소리칠 수 있을 것이다. 하지만 그런 결과가 확실히 나온다는 보장은 없었다. 우선 몰뢰의 동료인 닐스 예르네(Nils Jerne)에게 부탁해서 그 파지를 코펜하겐에서 받아야 할 것이다. 그러면 나는 2가 금속과 DNA 함량을 정확하게 측정할 준비를 해야 한다. 그리고 마지막에는 로지의 협조를 얻어야 하는데 로지의 마음을 얻기가 쉽지 않았다.

다행히도, 폴링은 DNA 연구 경쟁에서 당장 우리에게 위협적인 존재가 되지 않았다. 영국으로 유학 온 피터 폴링에게서 얼핏 들은 바에 의하면, 그의 아버지는 케라틴이라는 머리털 단백질에서 알파 나선으로 형성되는 초나선형 구조에 몰두하고 있다는 것이었다. 그러나 이는 크릭에게 반드시 희소식만은 아니었다. 크릭도 거의 1년 동안, 알파 나선 그 자체가 꼬이고 또 꼬여 초나선을 이루고 있다는 아이디어를 놓고 궁리중이었기 때문이다. 문제는 그가 수학적으로 계산한 결과가 결코 구체적이지 못하다는 점이었다. 별 신통한 해법이 보이지 않자, 크릭은 자신의 이론에 명쾌하지 못한 부분이 있음을 인정했다. 그러나 폴링 역시 헤매고 있기는 마찬가지여서, 초나선 문제를 처음으로 규명하는 업적은 크릭의 차지가 될 수도 있었다.

크릭은 학위논문을 위한 실험도 중단하고 꼬이고 꼬인 초나선형 방정식을 유도하는 데 두 배의 노력을 기울였다. 그 결과 주말을 크릭과 함께 보내기 위해 케임브리지로 놀러 온 크라이젤의 도움으로 드디어 정확한 방정식을 구하는 데 성공했다. 크릭은《네이처》에 발표하기 위해 서둘러 논문을 작성했다. 그리고 신속한 게재를 요청하는 메모와 함께 논문을 브래그 경에게 보내 편집위원회에게 보내 달라고 했다. 만약 편집위원회가 영국인이 쓴 논문으로 보통 수준 이상이라고 인정한다면,《네이처》는 지체 없이 게재하는 게 관행이었다. 행운만 찾아와준다면, 크릭의 초나선형에 관한 논문은 아무리 늦어도 폴링의 것과 동시에 발표될 수 있을 것으로 보였다.

이제 케임브리지에서 크릭의 천재성은 누구나 인정하는 분위기였다. 물론 아직도 크릭을 웃기는 축음기 정도로 생각하는 극소수 사람들도 여전히 있지만, 결국 그는 문제를 끝까지 밀어붙여 해내고 만 것이었다. 크릭의 능력이 점점 인정을 받는다는 것은 초가을에 데이비드 하커(David Harker)로부터 미국 브루클린에서 1년간 같이 일하자는 제안을 받았다는 사실에서도 증명되었다. 리보뉴클레아제(ribonuclease)라는 효소의 구조를 규명하기 위해 1백만 달러를 확보해놓은 하커는 인재를 찾던 중이었고, 1년에 6천 달러를 주겠다는 그의 제의는 오딜도 놀랄 정도로 엄청난 금액이었다. 예상했던 대로 크릭은 마음이 좀 복잡해 보였다. 브루클린과 관련한 농담이 많이 떠도는 것도 다 이유가 있었다. 크릭은 아직 미국에 가본 적이 없었으므로, 브루클린에 발을 들여놓은 뒤 이를 근거지로 삼아더 마음에 드는 지역으로 진출할 수 있을 것으로 생각했다. 또한 당시 켄드루와 페루츠는 크릭이 학위가 끝난 뒤에도 3년 더 있게 해달라는 요청서를 브래그 경에게 보내놓은 상태였다. 만일 크릭이 1년 동안 멀리 가 있게 된다면, 브래그 경도 켄드루와 페루츠의 요청을 호의적으로 받아들일지 모르는 일이었다. 많은 고민 끝에 크릭은 하커의 제의를 일단 받아들이로 하고 10월 중순 하커에게 편지를 보내 내년 가을에 브루클린으로 가겠다고 했다.

가을이 점점 깊어감에 따라 나는 박테리아의 짝짓기 연구에 매료되어, 해머스미스 병원 실험실에 근무하는 빌 헤이스와 의논하기 위해 런던으로 자주 나갔다. 그러다 케임브리지로 돌아가는 길에 윌킨스와 저녁 식사를 하는 날이면 내 마음은 다시 DNA에 대한 연구 의욕으로 불탔다. 오후만 되면 윌킨스가 종종 말없이 사라져, 사람들은 아마 애인이라도 생긴 것이 아닐까 생각했었는데 알고 보니 그는 체육관에서 펜싱을 배우고 있었다.

윌킨스와 로지의 관계는 여전히 냉랭했다. 브라질에서 돌아온 윌킨스는, 그녀와 공동 연구를 할 수 없다는 생각을 전보다 더욱 확고하게 굳힌 것 같았다. 마음이 답답해진 윌킨스는 위안 삼아 염색체의 무게를 재는 법을 알아내기 위해 간섭현미경(interference microscope)을 다루고 있었다. 로지에게 다른 일자리를 찾아주는 문제는 이미 주임인 랜들에게 부탁해놓았지만, 잘해야 1년 후에나 새로운 자리가 난다는 대답이었다. 로지의 웃음이 맘에 안 든다는 이유로 당장 해고할 수는 없는 노릇이었다. 더욱이 그녀는 X선 사진을 점점 더 잘 찍고 있었다. 그렇지만 나선구조에는 전혀 흥미를 보이지 않았다. 게다가 당-인산 뼈대는 DNA 분자의 바깥쪽에 위치한다는 게 로지의 생각이었다. 이러한 주장에 어떤 과학적 근거가 있는지 판단할 기회는 쉽게 오지 않았다. 크릭과 나는 그 과학적 데이터에 접근할 수 없었기에, 마음을 열고 기다리는 수밖에 없었다. 나는 박테리아의 성(性) 문제 연구에 다시 집중하기 시작했다.

21

그 당시 나는 클레어 대학 구내에서 살고 있었다. 캐번디시에 도착한 후 곧바로 페루츠가 나를 클레어 대학의 연구생으로 들어가게 했던 것이다. 박사학위를 취득하기 위한 것은 아니었지만, 편법을 이용하여 나는 대학 기숙사에 기거할 수 있게 되었다. 클레어 대학을 선택한 것은 뜻밖에도 행운이었다. 그 대학은 정원이 무척이나 아름다웠고 케임브리지와 가까웠을 뿐 아니라, 나중에 알게 되었지만 특히 미국 사람을 많이 배려하는 곳이었다.

클레어 대학으로 결정되기 전에 나는 지저스 대학으로 가기를 강력히 원했었다. 트리니티 대학이나 케임브리지의 킹스 대학과 같이 유명하고 큰 대학보다 연구생들이 상대적으로 적은 소규모 대학이라면 생활 여건이 훨씬 나으리라고 페루츠와 켄드루는 쉽게 생각했던 것이다. 그래서 페루츠는 물리학자이며 당시 지저스 대학의 친구였던 데니스 윌킨슨(Denis Wilkinson)에게 나의 입학을 타진했다.

이튿날 윌킨슨이 지저스 대학이 나를 받아들이기로 했으니 입학수속을 밟으라고 전해주었다.

그러나 그 대학의 학감과 이야기를 나눈 후 나는 다른 대학을 찾고 싶어졌다. 지저스 대학에 연구생들이 적은 이유는 기숙사 옆을 흐르는 더러운 강물 때문이기도 했다. 너무 더러워서 연구생들이 그 안에서 어떻게 살 수 있을까 싶을 정도였다. 나로서는 군이 박사학위를 더 딸 필요가 없었기에 지저스 대학에 적을 두면 쓸데없는 박사과정 등록금 고지서만 받게 될 뿐이었다. 반면 클레어 대학의 학감이며 고전학자인 닉 해먼드(Nick Hammond)는 외국인 연구생들에게 훨씬 호감을 주고, 미래에 대한 전망도 밝게 이야기했다. 그래서 나는 케임브리지로 간 지 1년 만에 클레어 대학으로 숙소를 옮겼다. 더욱이 클레어 대학에는 미국인 연구생도 몇 명 있어 훨씬 마음이 놓였다.

케임브리지에 온 첫 해, 켄드루와 같이 테니스코트 가(街)에 사는 동안, 사실상 나는 영국의 대학다운 대학 생활을 제대로 접하지 못하고 살았었다. 입학수속을 마친 후 몇 번 구내식당에 갔었지만, 나는 이내 철저하게 혼자라는 사실을 깨달았다. 저녁마다 제공되는 갈색 수프, 질긴 고기, 걸쭉한 푸딩을 게걸스럽게 먹는 10여 분 동안 내가 아는 사람은 아무도 없었다. 2년째 되는 해, 클레어 대학 기념회관 내에 R로 명명되는 계단이 있는 방으로 이사한 후로도 나는 대학 구내식당에는 발도 들여놓지 않았다. 대학 식당에서는 아침 식사가 이미 끝났을 시간인데도, 휩이라는 식당에서는 아침밥을 먹을 수 있었다. 더구나 이 식당에서는 3실링 6펜스만 내면,《텔레그래프》나 《뉴스 크로니클》을 보는 빵모자를 쓴 트리니티 학생들과 함께 따뜻한 난롯가에서《더 타임스》를 읽을 수 있었다. 저녁을 때우기 위해 시내에서 마땅한 식당을 찾는 일도 쉽지 않았다. 어쩌다 특별한 일이 있는 날이면 아트 호텔이나 배스 호텔에 예약을 하고 식사를 했다. 하지만 오딜이나 엘리자베스 켄드루가 저녁 식사에 초대하지 않는 날엔, 인도인이나 키프러스인이 운영하는 식당에서 벌레 씹는 기분으로 한 끼를 때워야 했다.

그러다 보니 11월 초까지는 건강하던 나의 위장도 탈이 나 그 후에는 거의 매일밤 심한 복통에 시달려야 했다. 소다와 우유를 번갈아 마셔도 별 효험이 없었다. 켄드루 부인이 곧 괜찮아질 거라고 했지만 나는 도저히 참을 수 없어 얼음같이 차가운 트리니티 거리로 나가 외과의원을 찾아갔다. 나는 벽에 걸린 노 젓는 사람 그림을 보면서 한참을 기다린 후 식후에 복용하라는 흰 물약을 처방받고 의원을 나왔다. 그러나 2주일이 지나도 전혀 호전되는 기색이 없어, 빈 약병을 들고 위궤양에라도 걸리지 않았을까 걱정하면서 의원으로 갔다. 그러나 의사는 외국인에게 흔히 생기는 소화불량성 복통이니 크게 걱정하지 말라며 예전과 똑같은 처방을 하는 것이었다.

그날 저녁 나는 크릭이 새로 장만한 집에 들렀다. 오딜과 이런 저런 세상 돌아가는 이야기라도 나누면 복통이 좀 나아질까 해서였다. 크릭 부부는 최근에 그린 도어를 떠나 근처 포르투갈 플레이스에 있는 좀 큰 집을 마련했다. 1층의 지저분하기 짝이 없던 벽지를 새것으로 도배하랴, 욕실이 딸려 있는 큰 방에 어울리는 커튼도 달랴, 오딜은 아주 바빴다. 나는 따뜻하게 데운 우유 한 잔을 얻어 마셨다. 그리고 우리는 피터 폴링이 켄드루의 집에 머물고 있는 젊은 덴마크 아가씨 니나에게 한눈을 팔고 있다거나, 스크룹 테라스 8번지에 위치한 커밀 팝 프라이어 미망인의 고급 하숙집과 내가 어떻게 하면 단골을 맺을 수 있을까 등의 이야기를 나누었다. 그 하숙집의 식사도 기숙사의 식단보다 특별히 낫지는 않겠지만, 영어를 공부하러 케임브리지로 온 프랑스 아가씨들이 많다는 말에 솔직히 호기심이 발동했다.

그러나 팝 미망인이 마련하는 저녁 식탁에 무턱대고 자리를 마련해달라고 조를 수도 없는 노릇이었다. 궁리 끝에 오딜과 크릭이 묘안을 짜냈다. 생전에 그녀의 남편이 프랑스어 교수였던 점을 감안하여 미망인에게 프랑스어를 가르쳐달라고 하자는 것이었다. 만일 내가 미망의 마음에 들면, 나는 그녀의 백포도주 파티에도 종종 초대받을 것이고 그렇게 되면 자연스레 프랑스 아가씨들과 어울릴 수 있을 것이다. 프랑스어를 가르쳐줄 의향이 있는지 오딜이 그녀에게 전화로 알아보기로 하고, 나는 자전거를 타고 구내 숙소로 돌아왔다. 오는 내내 만약 그렇게만 된다면 아마 복통도 금방 나을 것 같다는 기대감에 젖었다.

방으로 돌아왔는데도 입김이 뽀얗게 서릴 정도로 날씨가 추워 잠을 제대로 잘 수가 없었다. 나는 자리에서 일어나 석탄불을 피웠다. 방안 공기가 너무 차 손가락이 곱아 글도 제대로 쓸 수 없었다.

나는 난로 옆에 바짝 쪼그리고 앉아, 서너 가닥의 DNA 사슬이 어떻게 과학적으로 완벽하게 서로 나선으로 꼬일 수 있을까 하며 공상에 잠겼다. 이런저런 생각을 하다가 지쳐 나는 분자 수준의 생각을 그만두고, DNA, RNA 및 단백질 합성의 상호관계에 관한 생화학 논문들을 읽기 시작했다.

사실 그때까지의 모든 근거들로 인해 나는 DNA가 어떤 RNA를 만들 것인지를 결정하는 주형이라고 믿게 되었다. 그러자 RNA 사슬이 단백질을 합성하는 주형이 아닐까 하는 생각이 들었다. 아직 확실한 검증을 거친 것은 아니었지만, 성게를 실험재료로 사용하여 DNA가 RNA로 전환된다고 해석하는 논문이 몇 편 있었다. 하지만 나는 DNA가 일단 합성되면 이 분자들은 매우 안정되어 있다고 하는 실험 결과를 믿는 편이었다. 그래야만 유전자는 영원하다는 생각에 부합되기 때문이었다. 나는 "DNA ⟹ RNA ⟹ 단백질"이라고 쓴 종이를 책상 앞의 벽에 붙여놓았다. 화살표는 화학적 변화의 방향을 의미하는 것이 아니라, 유전정보가 DNA 분자에 있는 뉴클레오티드의 서열에서 단백질에 있는 아미노산 서열로 전달되는 것을 나타낸다.

나는 핵산과 단백질 합성의 상호관계를 이해했다고 만족하며 잠에 곯아떨어졌지만, 다음날 아침 차디찬 침대에서 옷을 입으면서 벽에 표어 하나 붙이는 것으로 DNA 구조가 저절로 해결되는 것은 아니라는 현실을 다시금 냉정하게 깨달아야 했다. 만약 우리가 DNA 구조를 해결하지 못한다면, 생물학에서 이야기하는 복잡성의 의의를 이해할 수 없어 그저 선술집에서 한탄이나 해대는 생화학자 신세와 전혀 다를 바가 없다는 생각이 들었다. 설상가상으로 크릭이 꼬이고 꼬인 초나선형에 관한 연구를 접고 또 내가 박테리아의 유전 연구를 그만두고 DNA 연구를 다시 시작한다 하더라도 우리는 1년 전에 처했던 입장과 마찬가지로 앞이 꽉 막혀 있었다. 이글 식당에서 점심을 먹으면서도 DNA에 관해 한 마디도 하지 않고 지나가는 경우도 종종 있었고, 식사 후 뒤뜰을 걸을 때에도 어쩌다 유전자 이야기가 나오기도 했지만 말 그대로 아주 잠깐으로 끝나고 마는 게 보통이었다.

산책하던 도중 몇 번인가 번뜩이는 아이디어가 떠올라 연구실로 가서 모형을 요리조리 만지작거린 적도 있다. 하지만 우리를 잠시 들뜨게 했던 희망은 이내 역시나 하는 실망으로 결론 나기 일쑤였다. 결국 크릭은 자신의 학위논문에 수록해야 하는 헤모글로빈의 X선 사진 연구에 전념하기 시작했다. 몇 번인가 나 혼자 30여 분 동안 시도해본 적도 있었지만 기운을 돋우는 크릭의 수다가 빠지면 도무지 신이 나지 않았다. 3차원적 공간을 지각하는 능력이 부족하다는 점만 여지없이 드러날 뿐이었다.

당시 나는 켄드루의 연구생이자, 피터하우스 기숙사에 살고 있는 피터 폴링과 실험실을 같이 사용하고 있었는데, 그럭저럭 사이가 좋은 편이었다. 피터와 함께 공부하다 지겨워질 때면, 영국이나 캘리포니아 아가씨들의 매력을 서로 비교하며 머리를 식히곤 했다. 12월 중순 어느 날이었다. 점심 식사 후 어슬렁거리며 실험실로 들

Ⓐ Hypothetical Scheme of the Interrelationship between the Nucleic Acids and Proteins

Consequences of Scheme

1: RNA Synthesis and of DNA synthesis should not occur at the same time. Protein synthesis and DNA synthesis will occur simultaneously.

2. Nuclear RNA synthesis will occur only in dividing cells.

3. The total Mg^{++} concentration will increase toward metaphase and decrease during interphase.

4. The content of nucleolar RNA may possibly remain constant during interphase. Synthesis of nucleolar RNA occurs at the chromosomes during prophase-metaphase.

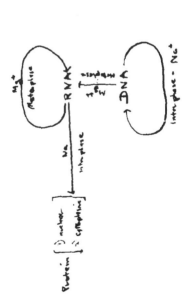

어온 피터가 책상 위에 두 다리를 뻗은 채 싱글거리며 우리를 쳐다 보는 것이었다. 그의 손에는 점심을 먹으러 피터하우스 기숙사로 갔 다가 돌아오는 길에 받은 편지 한 통이 들려 있었다.

그 편지는 미국에 있는 아버지, 라이너스 폴링한테서 온 것이었 다. 아버지 폴링은 편지에서 자식에 대한 일상적인 안부를 물었다. 하지만 그 말미에는, 우리가 그토록 염려했던 내용, 즉 자신이 이제 DNA 구조를 밝혔다는 소식이 덧붙여져 있었다. 무엇을 어떻게 했 는지에 대해서는 자세히 적혀 있지 않았지만, 크릭과 나는 편지를 번갈아 읽으면서 밀려오는 좌절감과 울분에 힘이 빠졌다. 얼마간의 시간이 흐른 후, 크릭은 방안을 왔다 갔다 하면서 혼잣말을 중얼거 렸다. 폴링이 해낸 일을 자기라고 못 해내겠느냐는 투의 자신감이 잔뜩 묻어나는 표정이었다. 아직 폴링이 정식으로 발표한 것도 아니 니, 서둘러 해답을 찾아 폴링과 동시에 발표한다면 우리도 대등한 명성을 얻을 수 있다는 것이었다.

하지만 의욕만 앞설 뿐 막상 묘안은 떠오르지 않았다. 우리는 차를 마시러 2층으로 올라가서 페루츠와 켄드루에게 편지 내용을 전했다. 브래그 경도 잠시 들어왔지만, 우리 중 누구도 영국의 실 험실들이 또다시 미국 사람들에 의해 창피를 당할 것 같다는 말은 꺼내지 못했다. 씁쓸한 기분으로 초콜릿 비스킷이나 씹고 있을 때, 폴링도 실수할 가능성이 있는 법이라며 켄드루가 우리를 애써 위로 했다. 하긴 폴링은 아직 윌킨스와 로지가 찍은 X선 사진들을 본 적 이 없었다. 그래도 우리는 그냥 울고 싶은 기분이었다.

22

크리스마스 전까지 패서디나에서는 더 이상 새로운 소식이 들려오지 않았다. 만약 폴링이 DNA 구조에 대해 제대로 된 해결책을 찾았다면 그 비밀이 오래 유지됐을 리 없기 때문에, 우리의 기분도 점차 좋아졌다. 폴링이 지도하는 대학원생 중 적어도 누군가는 그의 모델이 어떤 모양인지 보았을 것이고, 그래서 그 모델의 생물학적 의미가 분명하다면 그 소문은 벌써 우리에게까지 퍼졌을 것이기 때문이다. 폴링이 DNA의 구조 해명에는 거의 가까이 근접했는지 몰라도 유전자 복제의 비밀까지 다가간 것은 분명 아닌 듯했다. 또한 DNA의 화학구조를 생각해봐도 킹스 대학에서의 연구 결과를 알지 못한 채 DNA 구조를 해결했을 가망은 더더욱 없어 보였다.

크리스마스 휴가를 맞이하여 스키를 타러 스위스로 가는 길에 나는 런던에 잠시 들러 윌킨스에게 폴링이 아직은 DNA 구조를 해결하지 못한 것 같다고 말했다. 그러면서 속으로 폴링이 공격 목표를 DNA로 삼았다는 사실이 분명해졌으니 윌킨스가 크릭과 나에게 도움을 청할 것이라고 은근히 기대했다. 폴링이 기교를 부려 노벨상을 훔치려 한다고 생각했다면 윌킨스가 가만히 있을리 없을 것이기 때문이다. 그러나 그 당시 윌킨스에게 훨씬 더 중요한 일은 킹스 대학에서 로지가 일할 날이 얼마 남지 않았다는 것이었다. 로지는 이미 버크벡 대학에 있는 버널의 연구실로 옮기고 싶다고 윌킨스에게 말한 상태였다. 더욱이 로지는 DNA 문제는 그대로 두고 가겠다고까지 해서 윌킨스를 놀라게 했다. 앞으로 몇 달 동안 그녀는 이제까지의 연구 결과를 정리하는 논문이나 쓰면서 이곳에서의 생활을 마무리 짓겠다고 했다는 것이다. 이제 로지가 윌킨스의 연구실을 떠나가면, 전력을 다하여 DNA 구조 연구에 몰두할 수 있는 전기가 윌킨스에게는 마련되는 셈이었다.

1월 중순 케임브리지로 돌아온 나는 피터를 찾아 그에게 온 편지에 혹시 DNA에 관한 내용이 있는지 물어보았다. 피터는 DNA에 관한 것은 짧게 언급된 대목 하나뿐이고, 대부분 가족에 관한 이야기였다고 답했다. 그러나 그 짧게 언급된 대목 하나가 문제였다. 언급된 바에 의하면 DNA에 관한 논문을 거의 완성했으며, 그 사본을 곧 피터에게 보내주겠다는 것이었다. 하지만 이번 편지에도 DNA 모형이 어떻게 생겼는지에 대한 암시는 전혀 없었다. 논문의 복사본이 도착되기를 기다리는 동안, 나는 박테리아의 성에 관한 생각을 논문으로 작성하면서 초조한 마음을 달랬다. 체르마트에서 스키 휴가를 보낸 후 곧바로 이탈리아 밀라노에 있는 카발리-스포르차에게 잠시 들렀을 때 나는 박테리아의 생식에 관한 나의 결론이 옳다고 확신하게 되었다. 혹시라도 리더버그가 이 내용을 먼저 논문으로 발표할지도 몰라 빌 헤이스와 공저로 서둘러 출판하기로 마음먹었다. 그러나 이 논문이 완성되기 전인 2월 첫주에 폴링의 논문이 대서양을 건너 도착했다.

폴링은 케임브리지로 논문 사본을 두 편 보냈다. 한 편은 브래그 경에게, 나머지 한 편은 아들 피터 폴링에게 보낸 것이었다. 편지를 받은 브래그 경은 그 편지를 일단 옆으로 제쳐놓았다. 피터 폴링도 그 편지를 받았다는 점을 알지 못했기에, 브래그 경은 그 논문을 페루츠 연구실로 내려 보낼지를 망설였던 것이다. 그곳에 보내면 보나마나 크릭이 그 편지를 보고 시끄럽게 으르렁댈 것이 너무도 뻔했기 때문이었다. 지금의 일정대로라면 크릭의 징그러운 웃음소리도 앞으로 8개월 후면 더 이상 듣지 않아도 되는 것이다. 물론 이는 크릭의 학위논문이 계획대로 끝나는 것을 전제로 했을 때의 일이다. 그렇게만 된다면 적어도 1년 동안, 크릭을 미국의 브루클린으로 보내버리고 브래그 경 자신은 평화와 안정을 누릴 수 있을 것이라 생각했다.

크릭이 자신의 학위논문도 때려치우고 또다시 극성을 피우면 어쩌나 하고 브래그 경이 고민하고 있던 그 순간, 이미 크릭과 나는 피터 폴링이 점심 식사 후에 들고 온 논문 사본을 꼼꼼히 살펴보고 있었다. 의기양양한 표정으로 연구실로 들어서는 피터의 얼굴을 보면서, 나는 이제 모든 게 끝났구나 하는 직감에 눈앞이 캄캄해졌다.

피터는 우리 둘의 애간장을 그만 태워야겠다고 생각했는지, 아버지의 모형은 당-인산 뼈대가 가운데에 있는 세 가닥의 나선구조라고 말했다. 순간 나는 내 귀를 의심했다. 그것은 바로 지난해 우리에 의해 실패로 끝난 모형과 꼭 같은 것이었다. 만일 그때 브래그 경이 말리지 않았다면 이 위대한 발견은 우리 차지였으며, 그에 따른 영광과 명예 또한 우리 몫이었을 것이라고 생각하니 억울한 마음에 발이라도 동동 구르고 싶은 심정이었다. 크릭은 빼앗듯이 피터의 외투 주머니에서 논문을 꺼내 읽기 시작했다. 나는 요약과 서론을 일별한 뒤, 곧 필수 원자의 위치를 표시한 그림을 뚫어져라 보기 시작했다.

그림을 본 순간, 나는 곧 무엇인가 잘못됐다는 것을 직감할 수 있었다. 몇 분 동안이나 들여다보았지만 무엇이 오류인지는 딱히 꼬집어낼 수 없었다. 하지만 이내 폴링의 모델에서, 인산기들이 이온화되지 않고, 각각의 인산기들이 수소원자와 결합하고 있어서 전기적으로 중성을 띠고 있다는 것을 알 수 있었다. 이렇게 되면 폴링의 핵산은 전혀 산이 아닌 셈이었다. 인산기가 이온화되지 않은 것은 그 자체로서는 대수로운 일이 아닐지 몰라도 폴링의 모델에서는 중요한 의미를 지니고 있었다. 이온화된 인산기여야 수소결합에 의해 세 가닥의 나선을 붙잡아둘 수 있기 때문이다. 수소원자가 없다면 그 사슬들은 즉시 산산조각으로 흩어져 폴링의 구조는 사라져버릴 것이다.

내가 아는 핵산 화학에 의하면, 인산기는 결코 수소원자와 결합하지 않는다. DNA가 어느 정도 강산(强酸)이라는 점을 의심하는 사람은 아무도 없었다. 따라서 생리적인 조건하에서라면, 인산기 주변에 나트륨(Na^+)이나 마그네슘(Mg^{++})같이 양이온들이 항상 있어서 인산기를 중화시킬 것이다. 만약 폴링의 논문처럼 인산기에 수소원자가 단단히 결합되어 있다면, 2가 이온들이 사슬을 붙들고 있을 것이란 우리의 추론은 모두 물거품이 되고 마는 셈이다. 당시 누구나 인정하던 세계 정상급 화학자였던 폴링이 어떻게 해서 이런 말도 안 되는 결론에 도달했는지 도무지 모를 일이었다.

폴링이 그답지 못하게 내린 결론에 크릭도 마찬가지로 놀라 자지러지는 것을 보고, 나는 서서히 한숨을 돌리며 안정을 되찾았다. 성공의 가능성은 아직 열려 있었다. 폴링이 어쩌다 이런 큰 실수를 저지르게 되었는지 도무지 짐작할 수 없는 일이었다. 만일 어떤 학생이 이와 비슷한 실수를 범했다면, 단번에 칼텍에서 쫓겨났을 만큼 치명적인 실수였다. 따라서 우리도 처음에는 폴링의 모델이 고분자의 산-염기 특성에 대한 획기적인 재평가 결과에서 나온 결론이 아닐까 하고 의심했다.

하지만 그 논문의 어조는 이러한 화학 이론상 획기적인 발견에 오히려 역행하는 주장을 폈다. 만약 폴링이 정말 제대로 된 발견을 이루었다면 이를 군이 비밀로 유지할 까닭이 없었다. 실제로 그랬다면 폴링은 틀림없이 두 편의 논문을 썼을 것이다. 즉 첫 번째 논문은 자신의 새 이론에 관한 것이고, 두 번째 논문은 새 이론에 의거하여 DNA 구조를 규명한 것이다.

그 실수는 믿을 수 없을 만큼 치명적이어서 곧 누구나 알게 될 터였다. 나는 로이 마컴의 실험실로 달려가서 그 소식을 서둘러 전했다. 폴링의 화학이 뭔가 매우 이상하다는 추인을 받고 싶어서였다. 나의 예상대로 마컴도 폴링 같은 화학의 대가가 학부 수준의 기초화학을 놓친 것이 신기하다며 놀라워했다. 그러면서 그는 케임브리지에서도 소위 대가라는 분이 가끔 화학의 기본 상식을 잊어버리기도 한다는 말까지 덧붙였다. 이후에도 나는 유기화학자 몇 명에게 의견을 구했는데, 그들은 하나같이 DNA는 분명 산이라는 말을 하였고 이를 확인하고 나자 마음이 더욱 진정되었다.

차를 마시는 시간에 캐번디시로 돌아와보니, 대서양의 우리 쪽에서도 더 이상 시간을 낭비하면 안 된다고 크릭이 켄드루와 페루츠를 설득하고 있었다. 폴링이 자신의 실수를 알아차렸다면, 그가 새로운 답을 찾기 위해 기를 쓰고 덤벼들 것은 불 보듯 뻔한 일이었다. 이제는 폴링의 동료 화학자들이 그의 명성에 눌려 그 모형을 자세하게 검토하지 않기를 우리는 은근히 희망했다. 하지만 폴링의 논문은 이미 《국립아카데미학회보》에 투고되었기 때문에, 늦어도 3월 중순이면 전 세계로 퍼질 것이었다. 그러면 불과 며칠 이내에 폴링의 실수도 드러날 것이 뻔했다. 폴링이 다시 전심전력을 다하여 DNA 연구를 개시할 때까지의 시간은 많아야 한 달 반밖에 없었다. 우리가 폴링보다 앞설 수 있는 시간은 겨우 6주뿐인 셈이었다.

이러한 사정을 윌킨스에게도 당연히 알려야 했지만, 우리는 잠시 망설였다. 크릭의 말투에 질린 윌킨스가 폴링의 실패 소식을 듣기도 전에 다른 핑계를 대고 전화를 끊어버릴지 모를 일이기 때문이다. 마침 내가 빌 헤이스를 만나러 며칠 후 런던으로 갈 예정이었으니 그때 윌킨스와 로지를 만나 이를 직접 전해주기로 했다.

서너 시간 동안 흥분이 계속되다 보니 그날은 도무지 더 이상 연구를 할 기분이 아니었다. 크릭과 나는 이른 저녁 시간에 이글 식당으로 갔다. 이제 막 문을 여는 가게로 들어간 우리는 폴링의 실패를 위해 축배를 들었다. 그것도 늘 마시던 포도주 대신에 크릭을 졸라 위스키를 가지고. 물론 형세는 아직까지 우리에게 많이 불리했지만 그렇다고 폴링이 노벨상을 굳건히 확보한 것은 아니기 때문이었다.

23

오후 4시 직전, 폴링의 모형이 완전히 틀렸다는 소식을 갖고 윌킨스의 연구소로 갔을 때 그는 무척 분주하게 움직이고 있었다. 그래서 나는 아래층에 있는 로지의 실험실로 갔다. 문이 반쯤 열려 있기에 조용히 들어가보니 로지가 허리를 굽힌 채 X선 사진을 조명 상자 위에 놓고 검사하고 있었다. 내가 말없이 들어서자 그녀는 순간 깜짝 놀라는 기색이었지만 곧바로 침착함을 되찾았다. 나의 얼굴을 똑바로 바라보는 그녀의 눈빛은 연구실에 들어올 때는 정중하게 노크라도 해야 하는 것이 예의가 아니겠냐고 힐책하는 듯했다.

　나는 윌킨스가 바빠서 먼저 이곳에 오게 되었다고 말한 뒤, 혹시 로지에게서 모욕적인 언사라도 튀어나올까 싶어 얼른 피터가 지니고 있는 그의 아버지 폴링의 논문을 보고 싶지 않느냐고 물었다. 솔직히 로지가 그 논문에서 오류를 잡아내기까지의 시간이 얼마나 걸릴지 궁금했지만, 로지는 그런 것으로 나와 겨룰 생각은 아예 없는 듯했다. 나는 곧바로 폴링의 잘못을 지적해주었다. 그렇게 계속해서 설명을 하다 보니 폴링의 모형과, 크릭과 내가 로지에게 15개월 전에 보여주었던 모형이 세 가닥의 나선으로 겉보기에 서로 닮았음을 지적하지 않을 수 없었다. 폴링이 대칭이라고 주장한 그 추론은 실은 작년에 우리가 쓸데없이 시간만 낭비한 결과와 같은 것이기 때문에 로지가 웃어넘길 것이라 짐작했던 것이다. 그러나 로지의 반응은 나의 기대와 정반대였다. 내가 되풀이하여 나선구조에 대해 말하자, 그녀는 불쾌한 기색을 감추지 못했다. 얼굴에는 귀찮아하는 표정이 역력했다. 나중에는 아예 DNA의 구조를 나선이라고 간주할 만한 데이터를 폴링은 물론 그 누구도 확보한 바가 없지 않느냐며 쌀쌀맞게 말하는 것이었다. 그녀는 나에게서 폴링의 나선형을 듣는 순간부터 폴링이 틀렸다고 아예 단정짓고는 그 뒤의 말은 들으나마나 한 것으로 간주하고 무시했던 것이다.

그녀의 말을 가로막으며, 나는 규칙적인 중합고분자(polymeric molecule)의 가장 간단한 형태는 나선구조뿐이라고 주장했다. 염기의 순서가 규칙적인 것 같지 않다는 사실에 근거하여 그녀가 반격을 가할 것에 대비하여, DNA 분자는 결정을 형성하기 때문에 뉴클레오티드 순서는 DNA의 전반적인 구조에 아무런 영향을 미치지 않는다고 거듭 주장했다. 그러자 로지는 더 이상 참지 못하고, 입으로만 떠들지 말고 자신이 찍은 X선 사진을 관찰한다면 그 따위 잠꼬대 같은 소리는 하지 않을 것이라고 목청을 높이는 것이었다.

나는 로지의 데이터를 그녀가 상상하는 것 이상으로 잘 알고 있었다. 서너 달 전에 윌킨스가 로지의 소위 반나선형(antihelical) 증거에 대해서 나에게 말해준 적이 있었다. 그때 크릭은 그 증거라는 것은 우리를 현혹시키기 위한 것이 틀림없다고 단정했었다. 이 말이 생각나서 나는 위험을 무릅쓰고 그녀와 한바탕 논쟁을 벌이기로 작정했다. 나는 주저없이 그녀가 혹시 X선 사진을 잘못 해석할 수도 있지 않았겠느냐고 말해버렸다. 그리고 그녀가 조금만 더 이론에 밝았더라면, 규칙적인 나선형이 쌓여 결정격자로 될 때 필연적으로 일어나는 미미하지만 일그러진 모양을 보고 이를 반나선형의 증거라고 단정짓지는 않았을 것이라고.

이 말을 들은 로지가 실험대를 돌아 내 쪽으로 다가왔다. 나는 그녀가 화를 참지 못하고 나를 때리기라도 할 것 같아서 겁에 질린 채, 폴링의 논문을 움켜잡고 허둥대며 출입문으로 얼른 빠져나가려 했다. 그때 마침 윌킨스가 나를 찾아 로지의 방으로 들어섰다. 어깨를 구부린 채 서 있는 나를 가운데 두고 윌킨스와 로지가 서로를 쳐다보는 동안 나는 로지와의 대화가 끝나서 이제 막 올라가려던 참이었다고 윌킨스에게 말했다. 그러면서 내가 몸을 간신히 빼자, 윌킨스와 로지는 서로를 정면으로 마주 대하는 모양이 되고 말았다. 나는 이 어색한 분위기를 모면하기 위하여 혹시 윌킨스가 예의상으로라도 그녀에게 함께 차나 마시자고 권하면 어쩌나 내심 걱정했다. 그러나 나의 걱정을 비웃기라도 하듯 로지는 몸을 홱 돌리더니 문을 꽝 닫아버렸다.

나는 윌킨스와 같이 복도를 걸어가면서, 로지에게 정말 맞을 뻔한 상황이었는데 덕분에 간신히 피할 수 있었다고 말했다. 윌킨스는 나의 말에 충분히 일어날 수 있는 일이라며 동의를 표했다. 몇 달 전에 윌킨스도 그녀에게 꼭 같은 일을 당했다는 것이었다. 윌킨스와 로지가 윌킨스의 연구실에서 의논을 하다가 거의 주먹다짐 직전까지 가는 험악한 상황이 연출되었다는 것이다. 그는 얼른 그 자리를 피하고 싶었지만, 로지가 문을 막고 끝까지 비켜주지 않다가 한참을 실갱이한 끝에 겨우 마지막 순간에 비켜주었다는 것이다. 게다가 그때는 제3자도 없어 더욱 곤란했다나.

로지와 한바탕 충돌을 겪은 후부터 윌킨스는 예전과는 너무도 다르게 마음을 열기 시작했다. 지난 2년 동안 자신이 혼자 당해온 정신적 고통을 나라면 십분 이해할 수 있겠지 하는 심정인 것 같았다. 그리하여 어쩌다 비밀을 털어놓았다가 괜히 오해나 사는 어려운 지인이라기보다는 같은 동료이자 공동 연구자로서 나를 받아들여 주는 것이었다. 놀랍게도, 윌킨스는 자신의 조수 윌슨을 시켜 로지의 X선 사진과 고슬링의 X선 사진 중에서 몇 장을 몰래 복사해두었다고 말했다. 이는 시간을 많이 절약함으로써 그들을 따라잡기가 훨씬 수월해진다는 것을 의미했다.

그러나 내가 더 궁금했던 점은 로지가 실수로 노출한 정보였다. 그 정보에 의하면, 지난 여름 중반 이후 로지는 DNA에 관한 새로운 3차원적 구조에 관한 입증 자료를 확보했다고 한다. 그 구조는 DNA 분자들이 다량의 물에 둘러싸여 있을 때 생기는 것으로만 알려져 있었다. 내가 어떤 모양이냐고 거듭 묻자, 윌킨스는 옆방으로 가서 그들이 'B'형 구조라고 명명한, 새로운 형태를 나타내는 X선 사진을 한 장 가지고 왔다.

그 사진을 보는 순간 나는 입이 딱 벌어지고 심장이 뛰기 시작했다. 그 사진의 패턴은 이전에 얻은 것('A'형)들보다 믿을 수 없을 만큼 더 간단했다. 뿐만 아니라 사진에서 가장 뚜렷한 십자형 검은 회절무늬는 나선구조에서만 생길 수 있는 것이었다. A형에서는 나선구조를 입증하기가 결코 간단치 않았다. 나선의 대칭형이 있다고 정확하게 말하기에는 애매한 점이 상당히 많았기 때문이다. 그러나 B형의 X선 사진에는 한눈에 보아도 나선을 입증하는 결정적인 요소들이 뚜렷이 자리 잡고 있었다. 조금만 더 궁리해보면 DNA 분자에 있는 사슬의 수도 쉽게 알아낼 수 있을 것 같았다.

나는 윌킨스에게 이 B형 사진을 가지고 어떤 일을 했는지 집요하게 물었다. 그는 자신의 동료인 프레이저(R. D. B. Fraser)가 먼저 3중 사슬 모형을 만들어보았지만 아직까지 이렇다 할 결과는 나오지 않았다고 대답했다. 이미 스톡스, 코크런 및 크릭 등의 이론에서 한결같이 나선형이 분명하다고 결론을 내렸기에, 윌킨스도 나선형임을 뒷받침하는 증거가 압도적으로 우세하다는 것을 시인했지만, 그는 이것에 그리 큰 의미를 두지 않았다. 나선형이 될 수밖에 없다는 점은 그도 이전부터 예견하고 있었던 것이다. 문제는 나선 속에 염기를 어떻게 규칙적으로 쌓을 수 있을까에 관한 가설이 하나도 없다는 점이었다. 물론 이것은 로지의 의견대로 가운데에 염기를, 바깥쪽에 뼈대를 놓는다고 가정했을 때의 일이다. 윌킨스는 이제서야 로

1952년 로잘린드 프랭클린이 찍은 B형 DNA의 X선 사진

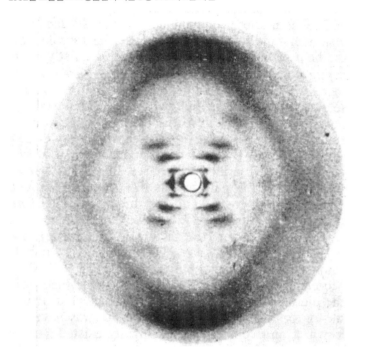

지가 옳음을 확신한다고 말했다. 하지만 그녀가 갖고 있는 사진을 크릭과 나는 한 번도 본 적이 없기에 우리는 여전히 회의적이었다.

저녁을 먹으러 소호 거리로 가는 길에 나는 폴링을 상기시키면서 그의 실수에 너무 오래 안주해서는 안 될 것이라고 힘주어 말했다. 폴링이 바보가 아닌 이상, 그가 단순히 실수를 범한 것이라면 문제는 그리 간단치가 않았다. 아직은 자신의 실수를 몰라서 그렇지, 이를 눈치 채기만 하면 폴링은 밤낮으로 매달릴 것이 뻔했다. 뿐만 아니었다. 만일 그가 자신의 조수를 시켜 DNA 사진이라도 찍는다면, B형 구조 또한 금방 패서디나에서 발견될 것이다. 그러면 폴링에 의해 불과 1주일 안에 DNA 분자의 구조가 밝혀지는 것은 불을 보듯 뻔한 일이었다.

윌킨스는 조금도 흥분하지 않았다. 내가 DNA 구조는 꼭 해결된다고 되풀이하여 강조했지만, 그에게는 내 말이 크릭이 한창 연구에 물이 올라 흥분하여 떠벌이던 수다처럼 공허하게 들렸던 것이다. 지난 몇 년 동안 크릭은 윌킨스에게 DNA 분자의 중요성에 대해 수없이 강조했지만, 그는 인생의 결정적 순간에는 언제나 자신의 직감을 믿고 따르는 편이었다. 종업원이 주문을 받으러 왔을 때, 윌킨스는 과학이 가고 있는 방향에 대해 우리 모두의 의견이 일치한다면 더 이상 연구할 것이 없어질 것이며 우리는 과학자가 아니라 기술자나 의사로 직업을 전환해야 할 것이라고 타이르듯 조용히 이야기하는 것이었다.

음식을 눈앞에 두고도 나는 화제를 계속해서 DNA 분자 이야기로 이끌려고 애썼다. 해서 이야기 초점을 폴리뉴클레오티드에 있는 사슬의 수로 집중시킨 뒤, 첫 번째 층과 두 번째 층의 선상과 관련하여 맨 안쪽의 회절 위치를 측정하면 곧바로 알 수 있을 것이라고 주장했다. 윌킨스도 많은 말을 했지만 나는 도대체 이야기의 핵심을 잡을 수가 없었다. 킹스 대학의 어느 누구도 회절현상을 정확하게 측정하지 못했다는 말인지, 아니면 식기 전에 얼른 식사나 하자는 말인지. 커피를 마신 후에 그의 숙소로 함께 걸어가는 동안 더 자세히 물어보아야겠다고 생각하면서 내키지 않는 식사를 했다. 그러나 백포도주인 샤블리를 한 잔 마시고 나니 신물 나는 과학 이야기를 더 하고 싶은 마음은 깨끗이 사라져버렸다. 숙소까지 걸어가는 동안 좀더 조용한 지역의 깨끗한 아파트를 구하려고 한다는 윌킨스의 이야기나 듣는 것으로 만족해야 했다.

난방이 거의 되지 않는 추운 기차를 타고 케임브리지로 가는 동안, 나는 B형 패턴에 대해 기억나는 점들을 신문지의 빈칸에 적어보았다. 기차가 케임브리지로 칙칙폭폭 소리를 내며 나아갈 때 나는 2중 사슬 모형과 3중 사슬 모형 가운데 무엇이 맞는 것일까에 대해 곰곰이 생각했다. 킹스 대학 그룹이 2중 사슬을 채택하지 않는 이유가 전혀 이해되지 않았다. 문제는 DNA 샘플의 수분함량에 달려 있었는데, 그들 스스로도 자신이 측정한 수치를 믿지 못하고 있는 것이었다. 케임브리지에 도착한 뒤 자전거를 타고 연구소로 가서 뒷문을 통해 연구실로 들어가면서, 나는 2중 사슬 모형을 만들기로 결심했다. 크릭도 틀림없이 동의할 것이라 확신했다. 그는 비록 물리학자였지만, 생물학적으로 중요한 물질은 언제나 쌍(雙)으로 존재한다는 것쯤은 알고 있으리라 믿었기 때문이다.

24

이튿날 내가 새롭게 알게 된 것을 전하러 페루츠 연구실로 달려갔을 때 거기에 브래그 경도 있었다. 여느 토요일 오전과 같이 크릭은 습관대로 잠자리에서 아침에 배달된 《네이처》나 보는 모양인지 아직 출근 전이었다. 나는 그림을 그려가면서, B형을 자세하게 설명하기 시작했다. 그리고 이를 근거로 볼 때 DNA는 나선축을 따라 34Å마다 패턴이 반복되는 나선형이 틀림없다고 주장했다. 브래그 경이 내 말을 중간에 자르며 몇 가지 질문을 했다.

그가 일단 관심을 가지고 이해하려 한다는 느낌을 받자 나는 기회를 놓치지 않고 폴링에 대한 이야기를 꺼냈다. 즉 폴링이 난관을 돌파하여 곧 DNA 구조를 규명할 태세인데, 대서양 건너에 있는 우리가 팔짱만 끼고 수수방관할 수는 없는 노릇 아니냐고 역설했다. 그리고 내친김에 캐번디시의 기계 기술자들에게 퓨린과 피리미딘 모형을 만들어달라고 요청할 참이라고 말한 뒤에, 브래그 경의 반응을 살폈다.

　다행스럽게도 브래그 경은 반대하지 않았고 오히려 잘 만들어 보라며 격려해주었다. 그도 분명히 킹스 대학의 윌킨스와 로지 사이에서 벌어지는 시시한 다툼을 못마땅하게 여겼을 뿐만 아니라, 특히 다른 사람도 아닌 폴링에게 DNA 분자구조를 밝혀내는 영예를 빼앗기고 싶지 않았던 것이다. 이처럼 브래그 경이 선뜻 밀어주는 데에는 내가 그동안 해온 담배 모자이크 바이러스에 관한 연구도 한몫 했다. 그 연구를 보면서 브래그 경은 내가 독자적으로 연구하고 있다는 사실을 인정하고 감명을 받은 것 같았다. 크릭과 달리 내버려두어도 무모하고 경솔한 모험은 하지 않을 녀석이라 생각한 모양이었다. 나는 급히 계단을 뛰어내려가 아래층 공작실로 가서 내가 원하는 모형의 설계도를 1주일 안에 주겠다고 했다.

　연구실로 돌아온 후 곧 크릭이 어슬렁거리며 들어와 대단한 성황을 이룬 어젯밤의 파티에 대해 말을 꺼냈다. 내 여동생이 데리고 간 프랑스 청년을 오딜이 몹시 마음에 들어했다는 것이다. 내 여동생 엘리자베스는 한 달 전 미국으로 돌아가는 길에 잠시 들러 이곳에 머물고 있었다. 운 좋게도 나는 커밀 팝 프라이어 미망인 하숙집에 동생을 묵게 할 수도 있었고, 덕분에 팝 미망인과 그 집의 외국인 하숙생들과 같이 저녁 식사를 할 수 있었다. 이로써 나는 엘리자베스를 전형적인 영국 책벌레들로부터 떼어놓을 수 있었고, 그간 나를 괴롭힌 위장병의 고통에서도 벗어날 수 있었다.

　팝 미망인의 하숙집에는 케임브리지에서 가장 멋쟁이인 베르트

랑 푸르카드(Bertrand Fourcade)도 머물고 있었다. 영어를 배우기 위해 몇 달간 머무른다는 푸르카드는 수려한 용모의 소유자로, 주름살 하나 없는 옷을 쫙 빼입고, 맵시있는 드레스를 차려입은 아가씨들과 어울려 다니기를 좋아했다. 내가 언젠가 그 잘생긴 녀석을 안다고 하자, 오딜이 무척 반가워했다. 케임브리지 대부분의 여성들과 마찬가지로 오딜도, 푸르카드가 킹스 거리를 걸어 내려가거나 휴게시간에 아마추어 연극 클럽에서 서성거릴 때마다 눈을 떼지 못했던 것이다. 그래서 엘리자베스를 통해 포르투갈 식당에서 크릭 가족과 같이 저녁 식사에 푸르카드를 초대했다. 그런데 공교롭게도 약속한 날이 바로 내가 런던에 가기로 한 날이었다. 런던에서 내가 접시를 깨끗하게 비우는 윌킨스를 바라보던 바로 그 시간에, 푸르카드는 올여름 리비에라 관광지에서 어떤 사교 모임에 얼굴을 내밀지 고민이라는 둥 쓸잘데없는 이야기나 하고 있었고, 그러거나 말거나 오딜은 완벽하게 균형 잡힌 푸르카드의 얼굴에 홀려 있었다.

그날 아침 크릭은 내가 그 돈 많은 프랑스 젊은이는 안중에도 없다는 것을 알아차렸다. 크릭은 평소보다 피곤해 보인다며 나를 걱정해주었다. 나는 이제 누구라도 DNA 문제를 풀 수 있다는 딱딱한 이야기를 아직도 술이 조금 덜 깬 이 친구에게 해줄까 말까 잠시 망설였다. 내가 B형 패턴에 대해 자세하게 설명하자, 그는 나의 말이 단순한 농담이 아니라는 것을 얼른 알아차렸다. 특히 크릭은 자오선상의 3.4Å에서 회절이 다른 어떤 회절보다도 더 선명했다는 점에 주목했다. 이는 퓨린과 피리미딘 염기들이 나선축에 직각 방향으로

3.4Å의 간격을 가지고 서로 겹쳐 있음을 의미하는 것이었다. 게다가 우리는 나선의 지름이 약 20Å이라는 것을 전자현미경 사진과 X선 사진을 통하여 확인할 수 있었다.

그러나 생물계에서 중요한 대부분의 분자들이 보통 쌍으로 발견되는 경우가 많으니, 2중 사슬 모형을 만들자고 제안하자, 크릭은 동의하지 않았다. 화학적 지식에 근거를 두지 않은 핵산 사슬에 관한 논의는 아무 쓸모가 없다는 게 크릭의 확고한 견해였다. 우리가 알고 있는 실험 근거들로는 아직 2중 나선인지 3중 나선인지 아직 확실히 구별할 수 없기 때문에, 그는 그 두 가지를 똑같이 신중하게 다루어야 한다고 했다. 나는 크릭의 말에 완전히 수긍할 수는 없었지만, 그의 말을 반박할 이유 또한 찾지 못했다. 그러나 나는 2중 사슬 모형을 만들기로 내심 작정했다.

처음 며칠은 이렇다 할 모형을 만들지 못했다. 퓨린과 피리미딘의 부품이 부족했을 뿐만 아니라, 인(燐)원자의 모형을 짜맞출 작업장조차 없었다. 연구소 내의 기계 기술자들은 인(燐)원자가 아무리 간단해도 이를 만들려면 최소한 3일은 걸린다고 했다. 그래서 나는 그 사이에 유전학에 관한 논문을 최종 마무리하기 위해 점심 식사 후 클레어의 기숙사로 돌아갔다. 저녁 식사 때 팝 미망인의 하숙집으로 자전거를 타고 갔더니, 푸르카드와 내 여동생 엘리자베스가 피터 폴링과 함께 웃고 떠들고 있었다. 피터 폴링은 용케도 1주 전에 팝 미망인의 환심을 사서 저녁 식사 자리에 낄 수 있었다. 페루츠가 토요일 밤 늦게까지 니나를 붙잡아 일을 시킨다며 피터 폴링이 불평을 늘어놓는 동안, 푸르카드와 엘리자베스는 그들끼리 즐겁게 이야기를 나누었다. 둘은 친구의 롤스로이스 자동차를 빌려 타고 베드퍼드 근교에 있는 어느 유명한 별장을 둘러보고 막 도착하는 길이라고 했다. 그 별장의 주인은 골동품에 조예가 깊은 건축가였는데 현대문명을 혐오해서 가스와 전기시설도 없이 그 별장을 유지해오고 있다고 했다. 그는 가능한 모든 방법을 동원하여 18세기와 똑같은 생활방식을 고집하고 있었으며, 심지어 집 뒤뜰을 산책할 때에는 특수지팡이를 짚게 했다는 것이었다.

저녁이 거의 끝날 때쯤 푸르카드와 엘리자베스는 또 다른 파티에 간다며 나가버렸고, 피터 폴링과 나만 남아서 멀뚱히 앉아 있었다. 피터 폴링은 하이파이 레코드 플레이어나 고쳐야겠다고 하더니만, 이내 마음을 바꾸어 나와 함께 영화를 보러 나섰다. 영화를 보는 동안 우리의 마음도 많이 진정되었다. 하지만 자정이 지날 무렵 갑자기 피터 폴링은 자기와 사귀는 사라의 아버지 로스차일드 경이 자기를 한 번쯤 저녁 식사에 초대할 법도 한데 아무 소식이 없다며, 어떻게 그럴 수 있느냐고 궁시렁거렸다. 나는 피터의 말에 얼른 맞장구를 쳐주었다. 만약 피터 폴링이 우아한 아가씨들과 사귄다면 나도 그 덕분으로 학자 타입의 여자와 결혼하는 것을 피할 수 있지 않을까 해서였다.

3일 후, 인(燐)원자의 모형이 준비되었다. 나는 서둘러서 당-인산 뼈대의 짧은 조각 몇몇을 끈으로 연결시켰다. 그리고 꼬박 하루 반나절을 투자하여 2중 사슬로 뼈대가 가운데에 위치하는 모형을 만들어보았다. 그러나 B형 X선 사진 데이터에 부합되는 모형은 오히려 15개월 전에 만들었던 3중 사슬 모형이었다. 그래서 학위논문에 몰두하고 있는 크릭을 방해하지 않고 나는 오후 내내 푸르카드와 테니스만 쳤다. 차를 마신 후에 나는 연구실로 돌아와 테니스를 치는 것이 모형을 만드는 일보다 훨씬 더 즐겁다고 크릭에게 말했다. 화창한 봄날인데도 연구에 집중하던 크릭이 펜을 내려놓으며, 지금 중요한 것은 DNA를 연구하는 것이라며 야외 테니스 경기도 언젠가 질릴 것이라고 퉁명스레 말했다.

크릭의 집에서 저녁을 먹는 동안 나는 처음으로 돌아가 무엇이 잘못됐는지를 곰곰이 따져보기 시작했다. 나는 줄곧 뼈대가 모형의 가운데에 있다고 생각해왔는데, 문득 그간 수분에 대해서는 고려하지 않고 있었다는 사실을 깨달았다. 내가 염기들을 가운데 두지 않고 바깥에 두는 이유 중의 하나는 이러한 형태라면 거의 무한대의 모형을 만들어낼 수 있으리라 생각했기 때문이다. 그렇게 된다면 그 많은 것 중에서 어느 것이 옳은 것인지를 판단하기는 도저히 불가능한 일이었다. 결국 당장의 장애물은 염기였다. 이것들을 바깥쪽에 놓으면 아무런 장애가 생기지 않으므로 염기에 대해서는 걱정하지 않아도 되지만, 만일 그들을 가운데에 둔다면, 염기 순서가 불규칙적인 둘 이상의 사슬들을 하나로 묶는 문제가 생긴다. 이는 아주 심각한 문제였다. 여기에 대해서는 크릭도 전혀 손을 쓸 수가 없었다. 지하 식당에서 나와 거리로 나섰을 때, 크릭은 무언가를 진지하게 생각하는 표정이었다. 나 또한 염기가 가운데 있는 모형을 놓고 골똘히 생각에 잠겼다.

이튿날 아침 뼈대가 가운데 위치하고 있어서 어딘가 이상했던 모형을 분해하는 도중에 문득 며칠이 걸리더라도 뼈대를 바깥에 놓은 모형을 만들어봐야겠다는 생각이 들었다. 어차피 손해 볼 것도 없는 일 아닌가. 그러자면 일단 염기를 무시해야 되는데, 퓨린과 피리미딘 분자 모양으로 자른 납작한 양철판이 1주일 후에나 도착하기 때문에 그 사이에는 어차피 염기에는 손도 못 댈 형편이었다.

모형 외부에 위치한 뼈대를 X선 사진 근거와 부합되도록 모양을 비트는 일은 어렵지 않았다. 사실, 크릭과 나는 둘 다 인접하고 있는 두 염기 사이에 가장 만족할 만한 회전각은 30도와 40도 사이일 것이라고 생각했다. 이보다 두 배 크거나 두 배 작은 각도는 적절한 결합각으로는 맞지 않는 것처럼 보였다. 그래서 뼈대를 바깥에 놓는다면 34Å이라는 결정학상의 반복 주기는 나선축을 따라 완전히 한 바퀴 돌았을 때의 수직 거리를 나타낸다. 어느 정도 진척이 되자 크릭도 크게 관심을 기울이기 시작했다. 그도 자신이 계산한 것이 맞는지 확인하기 위해 모형을 응시하는 횟수가 점점 많아졌다. 이러한 상황에도 불구하고 우리는 주말이면 놀 건 다 놀았다. 토요일 밤에는 트리니티에서 파티가 있었고, 일요일에는 폴링의 논문 사본이 도착하기 몇 주 전에 이미 계획되었던 것으로 윌킨스가 크릭의 집을 방문하기로 되어 있었다.

그러나 윌킨스는 한시도 DNA의 굴레에서 벗어날 수 없었다. 역에 도착한 순간부터 B형의 세부 사항에 관한 크릭의 질문 공세에 시달려야 했기 때문이다. 하지만 점심 식사가 끝날 때쯤 크릭은 윌킨스 역시 내가 1주일 전에 입수한 정보 외에 이렇다 할 정보를 가지고 있지 않다는 것을 알게 되었다. 마침 자리를 함께했던 피터 폴링이 자신의 아버지가 곧 행동을 취할 것이라고 말했는데도 윌킨스는 서두르는 기색이 전혀 없었다. 6주 후 로지가 떠난 뒤에나 새 모형 조립에 착수하겠다는 것이었다. 크릭은 이 순간을 놓치지 않고, 그렇다면 우리가 DNA 모형을 다루어도 괜찮겠느냐고 윌킨스에게 물었다. 자신은 상관이 없다는 윌킨스의 대답을 듣고서야 우리는 비로소 안도의 한숨을 내쉴 수 있었다. 하기야 그가 설령 안 된다고 했더라도, 우리는 우리대로 모형 조립을 계속했을 테지만.

25

그 뒤 며칠 동안 내가 분자 모형에 가까이 붙어 있지 않자 크릭은 안절부절못했다. 그가 10시쯤에 실험실에 들어올 때면 내가 항상 먼저 와 있었지만 그런 건 안중에도 없는 듯했다. 거의 매일 오후마다 내가 테니스를 치러 가는 것이 몹시 못마땅했는지, 그는 하던 연구를 잠시 멈추고 덩그라니 놓여 있는 폴리뉴클레오티드 골격을 바라보았다. 더욱이 나는 테니스장에서 돌아와서 차를 마신 후에 잠깐 모형을 만지작거리다가 이내 팝스 하숙집으로 달려가 그곳 아가씨들과 백포도주를 즐기기 일쑤였으니 크릭이 몸이 단 것도 무리는 아니었다. 그러나 주문한 염기의 모형이 도착하기 전에는 뼈대를 아무리 다듬어봤자 소용이 없었기에 나는 크릭의 불평에도 전혀 괘념치 않았다.

나는 어쩌다 기발한 해결책이라도 갑자기 떠오르기를 막연히 기대하며 매일 저녁 영화를 보러 다녔다. 가끔은 영화에 빠져 정작 그 문제를 잊어버린 적도 있었다. 가장 심했던 경우는 〈황홀 (Ecstasy)〉이라는 영화를 보러 갔던 어느 날 저녁이었다. 헤디 라마 (Hedy Lamarr)가 나체로 걸어가는 장면이 나오는 이 영화가 최초로 개봉되었을 당시 피터 폴링과 나는 미성년자라서 볼 수가 없었다. 그래서 이 영화가 케임브리지에서 다시 상영되는 것을 알고 우리는 날을 잡아 엘리자베스를 데리고 렉스 영화관으로 갔다. 그러나 기대했던 누드신은 대부분 가위질되고 검열을 통과한 수영 장면은 고작 출렁거리는 풀장의 표면에 거꾸로 비친 모습뿐이었다. 영화가 반도 지나기 전에 신음 소리로 들뜬 음향효과만 요란하고 화면이 따로 놀자, 관객들은 우우우 하고 격렬한 야유를 보내기 시작했고 우리도 덩달아 소리를 질렀다.

그러나 대부분은 마음에 드는 영화를 보면서도 나는 염기 문제를 한시도 잊지 않았다. 입체적으로나 화학적으로나 내가 제대로 배열된 뼈대 모형을 만든 것만은 분명한 것 같았다. 배열 형태가 실험 데이터와 정확히 일치하였기에 의문의 여지가 없었다. 이는 로지가 실시한 정밀한 측정 결과와 이미 대조를 거친 뒤였다. 물론 로지가 자신의 데이터를 우리에게 직접 건네준 것은 아니었다. 킹스 대학의 어느 누구도 그 데이터가 이미 우리 손에 들어온 것을 눈치 채지 못하고 있었다. 우리는 그 데이터를 정말 우연히 얻게 되었는데, 이는 랜들 실험실의 연구 활동을 조사하기 위한 의학연구심의회 위원으로 페루츠가 임명되었던 덕이었다. 랜들은 자신의 실험실 연구 활동이 매우 활발하고 생산적이라는 것을 외부 위원들에게 과시하고 싶어, 연구원들에게 연구 결과를 이해하기 쉽게 일람표를 작성하라고 지시했다. 그리고 그것을 등사한 뒤 유인물로 만들어 전 위원들에게 배부했다. 페루츠는 로지와 윌킨스의 연구 부분을 본 뒤 그 유인물을 크릭과 나에게도 보여주었다. 재빨리 내용을 훑어본 크릭은, 킹스 대학에서 돌아온 후에 내가 전해준 B형 패턴의 특징이 확실하다는 것을 알고 이제야 나의 기억력을 신뢰하는 눈치였다. 이제 뼈대의 배열을 조금만 더 보완하면 완벽한 모형을 완성할 수 있는 것이다.

내가 염기의 비밀을 풀려고 몰두하는 것은 대부분 내 방으로 돌아오는 늦은 저녁 시간이었다. 이 염기들의 구조식은 내가 클레어 기숙사에서 가지고 있었던 데이비슨(J. N. Davidson)이 집필한『핵산의 생화학(The Biochemistry of Nucleic Acids)』이라는 소책자에 나와 있었다. 캐번디시 연구소 전용의 메모지에 염기 그림을 작게 그리며 나는 나의 구조가 정확하다는 것을 확신했다. 내 생각의 초점은 어쨌든 외부에 위치한 골격이 완전히 규칙적인 방식이 되도록 염기들을 내부에 배열하는 것이었다. 문제는 각 뉴클레오티드의 외부 골격인 당-인산 부분이 어떻게 완전히 동일한 3차원적 배치를 이루는가 하는 점이었다. 그러나 내가 힘들여 해결책을 찾을 때마다, 네 종류 염기들의 모양이 각각 다르게 나타났다. 뿐만 아니라, 특정 폴리뉴클레오티드 사슬의 염기 순서에는 규칙성이 전혀 없다는 게 밝혀졌다. 따라서 아주 특별한 기술이 발휘되지 않으면, 서로를 무작위로 비틀고 있는 두 폴리뉴클레오티드는 틀림없이 엉망이 될 것이었다.

큰 염기끼리 마주보면 서로 부딪치고 작은 염기끼리 마주보면 간극이 생기거나 아니면 뼈대가 구부러져 들어가는 것도 풀어야 할 숙제였다.

염기와 염기 사이에서 형성되는 수소결합이 어떻게 서로 꼬여 있는 두 폴리뉴클레오티드 사슬을 붙들어 맬 수 있을까, 하는 것도 골치 아픈 문제 중 하나였다. 1년 넘게 크릭과 나는 염기들이 규칙적인 수소결합을 할 것이라고 생각하지 못했지만, 이제 와서 보니 그것은 분명 우리의 오류였다. 실험 결과에 따르면, 각 염기분자에 있는 하나 또는 두 개의 수소원자는 한 곳에서 다른 곳으로 움직일 수 있다는 것이 밝혀졌다. 따라서 우리는 특정 염기에서 일어날 수 있는 호변이성 이동(tautomeric shift)이 같은 횟수로 일어난다고 결론내렸다. 이에 따라 DNA의 산·염기 적정에 관한 굴란드(J. M. Gulland)와 조던(D. O. Jordan)의 논문을 최근에 다시 읽고 나서, 염기들 중 전부는 아니더라도, 대부분이 다른 염기와 수소결합을 형성하고 있다는 결론의 참뜻을 마침내 이해하게 되었다. 또한 훨씬 더 중요한 점은 이들 수소결합은 농도가 극히 낮은 DNA 용액에서도 나타나므로, 그것이 같은 분자 내의 염기간의 결합임을 강하게 암시하고 있는 점이었다. 게다가 이제까지 조사된 어떤 순수 염기는 입체적, 화학적으로 가능한 모든 수소결합을 형성한다는 결정학적 X선 사진도 있었다. 이제 문제의 핵심은 염기들을 맺어주는 수소결합을 유지하는 법칙을 찾아내는 일이었다.

영화를 보러 간 날이나 가지 않은 날이나 상관없이, 나는 이 생각 저 생각을 하면서 종이에 염기의 구조식을 그렸다 지웠다 하며 무료하게 지냈다. 〈황홀〉이라는 영화를 머리에서 지워도 그럴싸한 수소결합 법칙이 떠오르지 않아서, 나는 다우닝 가에서 다음날 오후에 있을 대학생 파티에 그저 예쁜 아가씨들이나 많이 걸려들기를 기대하며 잠들었다. 하지만 파티에는 체격도 건장한 하키 선수들과 애송이 티가 졸졸 흐르는 아가씨들만 북적거릴 뿐이어서 나는 일찌감치 기대를 접었다. 동행했던 푸르카드도 나와 생각이 같은 모양이었다. 우리는 잠깐 있다가 도망치듯 파티장을 벗어났다. 이 와중에도 나는 푸르카드에게 내가 피터의 아버지 폴링과 노벨상을 다투고 있다고 말해버렸다.

그 다음주 중반이 되어서야 대단한 아이디어가 떠올랐다. 아데닌에 붙어 있는 환구조식을 그리던 중이었다. 그때 갑자기 내 머릿속에 순수 아데닌 결정체에서 발견된 수소결합과 비슷하게, DNA 분자 내의 아데닌 잔기가 수소결합을 형성한다고 가정하면, DNA 구조가 쉽게 이해될 수도 있겠다는 생각이 떠올랐다. 만일 DNA가 이렇게 되어 있다면, 아데닌 잔기 각각은 180도 회전하여 상보적인 반대쪽 아데닌 잔기와 수소결합을 두 개 형성할 수 있을 것이다. 뿐만 아니라 각각의 구아닌, 시토신, 티민 쌍도 두 개의 대칭적인 수소결합으로 서로 연결되는 것이다. 따라서 나는 각각의 DNA 분자들이 동일한 염기쌍 사이에 수소결합으로 같이 붙들려 있지만, 동일한 염기 순서로 사슬 두 개가 형성되어 있는지 의심하기 시작했다. 그러나 퓨린(아데닌과 구아닌)과 피리미딘(티민과 시토신)들은 모양이

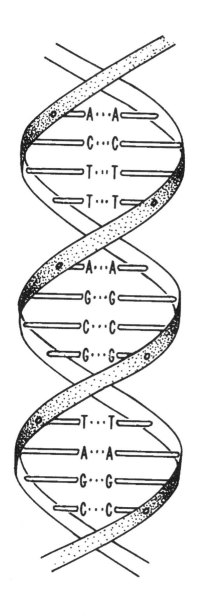

같은 염기를 상보적으로 배열한 염기쌍을 보여주는 DNA 구조의 모식도

다르기 때문에, 그러한 구조는 골격을 규칙적으로 유지할 수 없다는 곤란한 문제에 부딪쳤다. 그 결과 골격은 내부에 있는 퓨린과 피리미딘 쌍들에 따라, 안쪽으로 오목해지거나 바깥쪽으로 볼록해지는 구조로 나타나야 했던 것이었다.

비록 뼈대가 규칙적이지 못하고 꾸불꾸불해진다는 결점은 있었지만, 내 가슴은 뛰기 시작했다. 만일 DNA 구조가 이렇다면, 이 발견은 획기적인 사건이 될 것이었다. 동일한 염기를 가진 두 사슬이 서로 꼬여 DNA 분자를 구성하는 것이 우연한 일은 아닐 것이다. 이것은 반드시 어느 초기 단계에서 한쪽 사슬이 주형이 되어 다른쪽 사슬을 합성한 결과가 틀림없음을 강력하게 시사하고 있는 것이다. 이러한 원리하에서 유전자 복제는 동일한 두 사슬이 분리됨으로써 시작된다. 그러면 새로 생기는 두 가닥은 두 모체 주형에 따라 만들어지고, 그렇게 되어서 원래 분자와 같게 되는 DNA 분자 둘이 형성되는 것이다. 따라서 유전자 복제의 근본적인 메커니즘은, 한쪽 사슬의 염기는 상대방 사슬에서 그와 동일한 염기와 수소결합을 형성한다는 데 있는 것이었다.

그러나 그날 밤까지는 아데닌과 공통적인 호변이성 이동으로 구아닌이 아데닌과 수소결합을 형성하지 못하는 이유를 알 수 없었다. 마찬가지로 다른 염기들끼리도 얼마든지 짝을 잘못 고르는 실수를 할 것이라 생각되었다. 하지만 염기쌍 사이의 수소결합에는 특정 효소가 관여하고 있기 때문에, 큰 무리는 아니라고 보았다. 예를 들면, 주형 가닥에 있는 아데닌 잔기에는 항상 아데닌이 결합되게 하

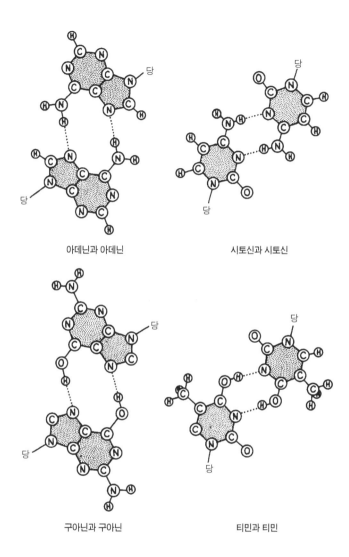

아데닌과 아데닌

시토신과 시토신

구아닌과 구아닌

티민과 티민

같은 염기끼리 쌍을 이루도록 그린 네 종류의 염기쌍(수소결합은 점선으로 나타냈다.)

는 아데닌 특정 효소가 있다고 가정하면 문제는 쉽게 해결되었다.

자정이 지난 시간이었지만, 내 가슴은 기쁨으로 들떴다. 크릭과 나는 오래전부터 DNA의 구조를 규명하기 위해 여러 아이디어를 떠올렸다. 그러나 그 아이디어를 구현해놓고 보면 어쩐지 허술하기 짝이 없었다. 해서 이것으로는 DNA 복제 및 세포에서 일어나는 생화학적 반응을 조절하는 기능에 관해서는 아무것도 알 수 없는 것이 아닐까 하는 불안감을 가지고 있었다. 하지만 지금은 내 스스로도 깜짝 놀랄 만한 해결책을 발견한 것이다. 눈을 감았는데도 눈앞에서 빙글빙글 도는 아데닌 잔기쌍 때문에 두 시간이 넘도록 정신이 말똥말똥했다. 혹 내 아이디어가 잘못됐을지도 모른다고 걱정한 것은 아주 잠시뿐, 나는 점점 확신에 차기 시작했다.

26

내가 생각했던 DNA의 구조는 다음날 정오가 되기도 전에 허점투성이로 밝혀졌다. 내가 범한 결정적인 화학적 오류는, 구아닌과 티민의 호변이성 이성질체(tautomeric forms) 중 맞지 않는 것을 선택한 것이었다.

이 예기치 못한 사태가 벌어지기에 앞서, 나는 아침을 먹고, 기숙사로 돌아가 델브뤽의 편지에 답장을 썼었다. 델브뤽의 편지에 의하면 박테리아 유전학에 대한 나의 논문에 대해 칼텍 유전학자들이 근거가 불충분하다고 이의를 제기했지만, 내 뜻대로 논문을 《국립아카데미학회보》에 투고하겠다고 했다. 설령 발표된 나의 논문이 함량 미달로 판명된다 하더라도 나이가 아직 어린 탓으로 치부하면 될 터이고, 또 이를 전화위복의 계기로 삼아 내가 앞으로 좀더 신중하게 연구에 전념하게 될 것이라고 기대했던 것 같았다.

처음 그 편지를 받았을 때 나는 델브뤽의 의도를 파악하고 기분이 언짢았다. 하지만 답장에서 나는 스스로 복제하는 DNA 구조를 내가 규명해냈다는 자신감과 더불어, 박테리아의 짝짓기 과정까지를 확실히 알아냈다는 사실을 언급했다. 또한 내가 생각한 DNA 구조는 폴링의 것과는 완전히 다른 아름다운 것이라는 말도 덧붙였다. 내가 생각해낸 DNA 구조를 좀더 자세히 설명할까 했지만, 시간이 촉박해 서둘러 우체통에 편지를 넣고 실험실로 급히 달려가야 했다.

그런데 편지를 우체통에 넣은 지 한 시간도 지나지 않아 나는 내 주장이 터무니없다는 사실을 깨닫게 되었다. 내가 연구실로 들어서서 어제 생각해낸 DNA 구조를 설명했더니 미국인 결정학자 제리 도나휴(Jerry Donohue)가 그 자리에서 내 생각의 오류를 지적하면서 이의를 제기하는 것이었다.

도나휴의 생각으로는, 내가 데이비슨의 책에서 몰래 베낀 호변이성 이성질체 형태가 정확하지 않게 설정되어 있다는 것이다. 다른 책에서도 구아닌과 티민을 에놀형(enol form)으로 그려서 표시하고 있다고 반박했지만 도나휴는 물러서지 않았다. 그는 오래전부터 유기화학자들이 별다른 근거도 없이 특정 호변이성 이성질체를 그들 멋대로 다른 것보다 더 중시한다면서, 이게 문제라고 지적했다. 사실 유기화학 교과서에는 도저히 있을 것 같지도 않은 호변이성 이성질체 그림이 잔뜩 나열되어 있기도 했다. 내가 그에게 제시한 구아닌 그림도 불가능한 구조라는 것이었다. 자신의 화학적 직관으로 보건대 구아닌은 케토형(keto form)이라는 것이었다. 또한 티민도 에놀형이 아니라 케토형이라고 확신했다.

그러나 도나휴는 왜 케토형이어야 하는지에 대해서는 자세히 설명하지 않았다. 그는 디케토피페라진(diketopiperazine)이라는 물질의 결정구조가 이 문제와 관련 있다고 말했다. 몇 년 전부터 폴링의 실험실에서 이 물질의 3차원 구조를 면밀히 연구하고 있는데, 그동안의 연구에서 에놀형이 아니라 케토형으로 존재하는 것이 밝혀졌다는 것이다. 아울러 디케토피페라진이 케토형이 되는 양자역학적 이유를 구아닌과 티민에 그대로 적용해도 된다고 그는 확신하고 있었다. 나는 결과가 뻔한 설계에 더 이상 시간을 낭비하지 말라는 충고를 듣고 생각을 접어야 했다.

　　처음에는 도나휴가 괜히 사실을 부풀려 말하는 것이라고 생각하기도 했지만, 시간이 갈수록 그의 비판이 타당하다고 생각됐다. 수소결합에 관한 한 그는 폴링에 버금가는 2인자로 인정받을 만큼 많은 지식을 갖고 있는 사람이었다. 게다가 이미 여러 해 동안 저분자 유기물질의 결정구조에 대하여 칼텍에서 연구해왔기 때문에, 그가 우리의 문제를 제대로 파악하지 못한다고 무시할 수도 없었다. 게다가 연구실에서 함께 지내는 6개월 동안, 그가 알지도 못하는 주제에 대해 함부로 떠들어대는 것을 나는 한 번도 보지 못했다.

　　너무 실망한 나머지 나는 연구실로 돌아와서 같은 염기끼리 서로 잡아당기는 내 아이디어를 입증할 만한 구체적 발상이 떠오르기를 기대하며 머리를 쥐어짰다. 하지만 도나휴의 지적은 치명적이었다. 수소원자들을 케토형의 위치로 이동시키면 에놀형으로 존재하는 경우보다 퓨린과 피리미딘의 크기 차이가 더 한층 벌어지는 것이

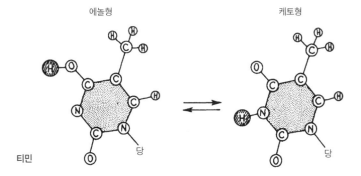

에놀형　　　　　　　　　　　　케토형

티민

구아닌

DNA에서 나타날 수 있는 티민과 구아닌의 호변이성 이성질체의 비교.
위치가 변할 수 있는(호변이성 이동) 수소원자는 사선으로 표시되었다.

었다. 아주 궁색한 변명이지만 나는 폴리뉴클레오티드 골격이 휘어진다면 염기 서열이 불규칙적으로 되더라도 충분히 수용 가능하다고 보았다. 하지만 이 가능성조차도 크릭에 의해 여지없이 무너지고 말았다. 크릭은 각 사슬이 68Å마다 완전히 한 바퀴를 돌아야만 34Å의 결정학적 반복주기가 나타난다는 것을 알아냈다. 하지만 이 결과는 인접하고 있는 염기들 사이의 회전각이 18도라는 것을 의미하는 것인데, 이 수치는 최근에 모형을 만들다가 계산한 값과는 너무 차이가 나서 배제시켰던 것이었다. 뿐만 아니라 크릭은 내가 제안한 그 구조는 샤가프의 법칙에도 부합하지 않음을 지적했다. 그러나 나는 샤가프의 데이터에 대해서는 미온적인 반응을 보였다. 내 아이디어의 치명적인 오류가 연이어 노출되는 꼴이어서 나는 점심 때가 오기만을 기다렸다. 점심 때가 되자 크릭은 예의 그 유쾌한 수다로 풀이 잔뜩 죽은 내 기분을 전환시키려 노력했다.

점심 식사 후에도 기분은 영 말이 아니어서 연구실로 돌아갈 맛도 나지 않았다. 아무리 고민해도 케토형을 대신할 만한 새로운 형을 찾아내기가 힘들어 보였고, X선 결과에 딱 맞아떨어지는 규칙적인 수소결합을 가진 구조가 현실적으로 없다는 사실에 직면해야 한다는 두려움이 앞섰다. 화단의 크로커스꽃을 무심히 바라보면서 나는 혹 어떤 멋진 염기 서열이 내 머릿속에 떠오를지도 모른다는 희망을 잠시 가져보았다. 우리가 2층으로 올라갔을 때 다행히도 결정적인 모형 조립 작업을 적어도 몇 시간은 미룰 수 있는 핑곗거리가 생겼다. 가능한 한 모든 수소결합을 체계적으로 조사하는 데 필요한 퓨린과 피리미딘의 금속 모형이 아직 완성되지 않은 것이었다. 그 금속 모형들이 우리 손에 들어오려면 적어도 이틀은 더 기다려야 했다. 이틀이라면 그냥 지내기에는 너무 긴 시간이어서, 빳빳한 도화지를 구해 염기분자의 모양을 정확하게 그린 뒤, 이를 오려내며 오후를 보냈다. 일단 종이 모형들을 다 만들고 난 뒤, 수소분자와 연결하는 일은 내일로 미루었다. 저녁 식사 후 팝 미망인의 하숙집 아가씨들과 영화를 보기로 약속이 되어 있었기 때문이다.

이튿날 아침 나는 아직 아무도 출근하지 않은 연구실에서 책상 위에 있던 서류들을 깨끗이 치운 뒤, 염기쌍들을 이리저리 배열하면서 이들을 수소결합으로 연결시켜 보았다. 같은 염기끼리의 수소결합이라는 처음의 아이디어에 미련이 남아 같은 염기끼리도 배열해보았지만, 역시 예상대로 이렇다 할 성과를 얻지 못했다. 누가 들어오길래 크릭인 줄 알았는데 힐끗 보니 도나휴였다. 나는 계속해서 염기들을 짝지을 수 있는 가능성을 따져가며 이리저리 염기분자들을 배열하는 데 열중했다. 그러다가 수소결합 두 개로 연결된 아데닌-티민 쌍이 적어도 두 개 이상의 수소결합으로 연결된 구아닌-시토신 쌍과 모양이 꼭 같음을 알게 되었다. 그 수소결합들은 모두 자연적으로 형성된 것이어서 두 염기쌍들도 자연스럽게 모양이 같아진 것이었다. 나는 도나휴에게 얼른 달려가, 이 새로운 염기쌍에도 문제가 있느냐고 물어보았다.

전혀 문제가 없다는 그의 대답을 듣자 나는 하늘에라도 날아오를 듯한 기분이었다. 왜냐하면 이것으로 나는 퓨린 잔기의 수가 왜

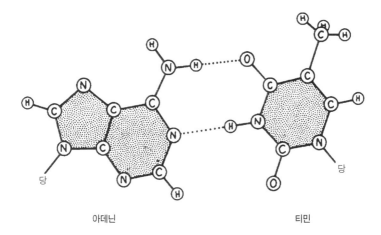

아데닌   티민

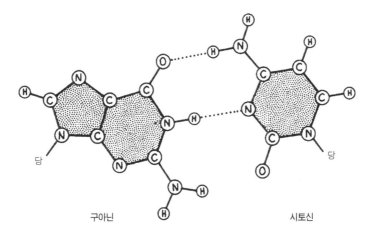

구아닌   시토신

이중나선을 만들기 위해 사용된 아데닌-티민, 구아닌-시토신 염기쌍들(수소결합들은 점선으로 나타냈다). 구아닌과 시토신 사이의 세 번째 수소결합 형성도 고려하였지만, 구아닌의 결정학적 연구로 그 결합은 아주 약할 것이기 때문에 무시하였다. 이제는 그 판독이 잘못된 것으로 밝혀졌다. 구아닌과 시토신 사이에는 강한 수소결합이 세 개 있는 것으로 결론이 났다.

피리미딘 잔기의 수와 정확하게 같은지 그 수수께끼를 확실히 풀었기 때문이다. 퓨린이 항상 피리미딘과 수소결합을 하고 있다면, 아무리 염기의 배열 순서가 불규칙해도 두 가닥으로 된 나선의 내부에 이 염기들을 차곡차곡 쌓는 것은 문제가 아니었다. 아데닌은 항상 티민, 구아닌은 항상 시토신하고만 짝을 짓는 것이 수소결합을 형성하는 필요조건이었다. 따라서 샤가프의 법칙은 DNA의 이중나선을 입증하는 수단으로 한층 더 돋보이게 될 것이었다. 훨씬 더 흥분되는 일은 이러한 이중나선은 내가 제각각의 염기쌍으로 생각했던 것보다 복제 과정을 아주 만족스럽게 설명해준다는 점이었다. 항상 아데닌과 티민, 구아닌과 시토신이 쌍을 이룬다는 것은, 서로 꼬인 두 사슬에서 염기의 배열순서가 서로 상보적이라는 점을 의미한다. 즉, 한쪽 사슬의 염기 순서가 정해지면, 상대 사슬의 염기 순서가 자동으로 결정되는 것이다. 따라서 어떤 사슬 하나가 주형이 되어 상보적인 사슬을 합성하는 것은 아주 쉽게 이해할 수 있는 개념이었다.

나는 크릭이 도착하여 연구실에 들어오기도 전에 이제 모든 것이 해결되었다고 큰소리로 외쳤다. 늘 그랬듯이 크릭은 처음에는 미심쩍어하는 눈치였지만, A-T(아데닌-티민) 쌍과 G-C(구아닌-시토신) 쌍의 모양이 비슷한 것을 보고는 꽤 충격을 받은 듯했다. 그는 여러 다른 방법으로 염기들을 배열해보았지만 샤가프의 법칙을 만족시키는 방법은 달리 찾을 수가 없다는 결론에 이르렀다. 잠시 후에 그는 각 염기쌍에 있는 두 개의 배당결합(glycosidic bonds, 염기와 당을 연결시켜 주는 결합)은 나선축과 수직이 되는 쌍자축(diad axis)으로 연결되어 있다는 사실을 발견했다. 따라서 쌍을 이루고 있는 두 염기를 거꾸로 놓아도 배당결합의 방향은 달라지지 않았다. 이는 사슬 하나에 퓨린과 피리미딘이 모두 포함될 수 있음을 의미했다. 동시에 두 사슬로 구성되어 있는 뼈대는 반대 방향을 향하고 있다는 점을 강력하게 시사하는 것이었다.

마지막 남은 문제는 A-T 염기쌍과 G-C 염기쌍들을 지난 2주에 걸쳐 만든 뼈대에 용이하게 맞춰 끼울 수 있느냐였다. 염기를 끼우기 위해 내부에 넓은 빈 공간을 이미 만들어놓았기 때문에 얼핏 보기에는 쉬울 것 같았다. 우리는 모든 입체화학적 법칙이 다 만족스럽게 적용되는 완벽한 모형을 조립할 때까지 집에 가지 않기로 작정했다. 또한 이중나선의 의미가 너무 중대하여 함부로 말하기에는 위험이 따르는 것도 분명한 사실이었다. 그런 까닭에 점심 시간에 이글 식당으로 날듯이 달려간 크릭이 우리가 생명의 비밀을 밝혀냈다고 주위 사람들에게 떠들어대는 것이 나는 영 못마땅했다.

27

이날부터 크릭은 하루 종일 DNA 연구에 몰두했다. A-T 염기쌍과 G-C 염기쌍의 모양이 같다는 것을 확인한 이튿날 오후에 크릭은 학위논문 연구로 다시 돌아갔으나 아무래도 집중이 되지 않는 모양이었다. 그는 아직도 못미더운지 의자에서 몇 번이나 일어나 도화지로 만든 모형을 쳐다보다가 다른 조합으로 맞춰보다가, 또 순간적으로 불안감이 사라지면 만족한 듯 나를 쳐다보며 우리가 해낸 일이 얼마나 대단한지 모를 일이라고 중얼거리곤 했다. 크릭의 이러한 말과 행동은 매사에 신중하고 조심하라는 케임브리지의 상식에 다소 어긋나기는 해도 나 역시 그 말이 싫지는 않았다. 이제 드디어 DNA 구조를 밝혀냈고, 이는 세계가 깜짝 놀랄 만한 일이며, 폴링의 이름이 알파 나선을 연상시키듯 우리의 이름이 이중나선을 연상시킬 것이라고 생각하니 믿을 수 없을 만큼 황홀했다.

아침 6시에 이글 식당이 문을 열었을 때, 나는 크릭과 같이 가서 앞으로 며칠 동안 무엇을 해야 하는지에 대하여 의논했다. 유전학자들과 핵산 생화학자들이 더 이상의 시간과 시설을 낭비하지 않게 하려면, 완벽한 3차원 모형을 만드느라 시간을 지체할 것이 아니라 하루라도 빨리 발표해야 한다는 것이 크릭의 의견이었다. 우리의 연구 결과가 획기적인 만큼 그들의 연구 방향이 옳게 재조정될 수 있도록 서둘러서 발표해야 한다는 것이다. 나는 얼른 발표하고 싶은 마음과 함께 완벽한 모형을 조립하고 싶은 마음이 간절했지만, 솔직히 우리가 발표하기 전에 폴링도 염기쌍에 생각이 미칠지도 모른다는 걱정이 드는 것도 사실이었다.

그날 밤 우리는 이중나선을 완성하지 못했다. 염기의 금속 모형을 확보해야, 완전한 모형을 조립할 수 있기 때문이었다. 나는 팝 미망인의 하숙집으로 가서 엘리자베스와 푸르카드에게 크릭과 내가 폴링과의 경쟁에서 이겼으며, 우리가 발견한 이중나선이 생물학에 혁명을 일으킬 것이라고 말했다. 두 사람 다 진심으로 기뻐해주었다. 아마 엘리자베스는 누이동생으로서, 그리고 푸르카드는 노벨상 수상자의 친구로서 사교계에 나가 자랑하고 싶었으리라. 피터 폴링도 마찬가지로 자신의 일인 듯 기뻐해주었다. 자신의 아버지가 과학계에서 최초의 패배를 맛볼지도 모른다는 것에는 전혀 상관하지 않는다는 태도였다.

이튿날 아침 잠에서 깼을 때 나는 새로운 기운이 온몸에 충전되는 기분이었다. 아침 먹으러 휨 식당으로 가는 도중 나는 클레어 다리 쪽으로 천천히 걸어가면서 봄 하늘에 대비되어 우뚝 솟은 킹

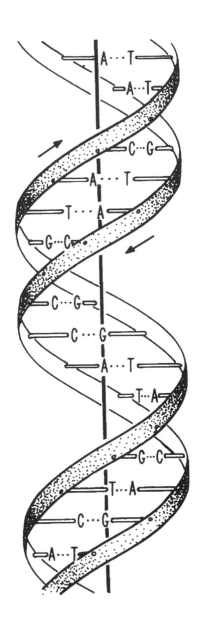

이중나선 모식도. 수소결합으로 형성된 납작한 염기쌍을 내부에 둔 채, 두 개의 당-인산 뼈대가 바깥에서 꼬여 있다. 이러한 방식 때문에, 이 구조는 염기쌍들이 발판에 해당되는 회전계단을 닮아 있다.

스 대학 교회당의 고딕식 작은 첨탑을 쳐다보았다. 나는 잠시 걸음을 멈춰 조지 왕조 시대의 완벽한 예술 양식으로 최근 새로 단장한 깁스 빌딩을 바라보았다. 우리가 거둔 성공의 밑바탕에는 이 아늑한 교정을 산책하며 떠올린 명상과 교내의 헤퍼 서점에서 주인 눈치를 보아가며 탐독한 신간 등, 눈에 보이지 않는 오랜 투자가 있었다. 흐뭇한 기분으로《더 타임스》를 살펴본 후 실험실로 갔더니, 크릭이 꼭두새벽같이 나와 도화지로 만든 염기쌍을 가지고 가상의 직선을 그으며 이리저리 움직여보고 있었다. 크릭은 컴퍼스와 자로 이리저리 재보더니 염기쌍들이 뼈대의 중심에 꼭 들어맞는다고 말했다. 오전 일찍, 우리가 제대로 해결책을 찾았는지 궁금했던 페루츠와 켄드루가 잇따라 들렀다. 크릭이 두 사람에게 간단히 설명하는 것을 보면서, 나는 공작실로 내려가 이날 오후 늦게라도 퓨린과 피리미딘 모형을 만들어달라고 부탁했다.

내 부탁이 아니었더라도 모형 만드는 작업은 마지막 납땜만 남겨놓고 있어 앞으로 두 시간 후면 거의 완성될 예정이었다. 그래서 우리는 드디어 금속 모형들을 사용하여 모든 DNA 성분들이 완비된 모형을 처음으로 만들 수 있었다. 한 시간도 채 안 되어 나는 원자들을 X선 데이터와 입체화학 법칙을 모두 만족시키는 위치에 배열했다. 그 결과 만들어진 나선은 두 사슬이 서로 반대 방향을 향하면서, 오른쪽으로 감는 우선형(右旋型)이었다. 모형 조립은 한 사람만 할 수 있는 작업이어서, 내가 모두 다 맞추고 나서 다 끝났다고 생각하고 뒤로 물러설 때까지 크릭은 가만히 기다렸다. 원자 사이의 거리 한 곳이 최적거리보다 다소 짧다는 느낌이 들었으나, 여러 책에 언급된 수치와 크게 틀리는 것은 아니었기에 걱정하지 않았다. 내가 작업을 마치자 이번에는 크릭이 15분 동안 다시 손을 댔고, 혹 잘못된 곳이라도 있는지 꼼꼼히 살폈다. 비록 짧은 시간이었지만 그가 눈살을 찌푸릴 때면 지켜보는 나도 가슴을 졸여야 했다. 한 군데 다른 원자 사이의 거리가 제대로 맞는지를 마지막으로 확인했는데, 결국 아무런 이상을 발견할 수 없었다. 결국 모형이 완벽하다는 결론을 내리고 우리는 저녁을 먹으러 크릭의 집으로 갔다.

우리가 저녁을 먹으면서 나눈 대화는 이 깜짝 놀랄 만한 소식을 어떻게 발표해야 하는가에 집중되었다. 누구보다도 윌킨스에게 가장 먼저 알려야 할 것 같았다. 하지만 16개월 전에 우리가 범했던 큰 실수를 생각하면 모든 원자들에 대한 정확한 좌표가 결정된 이후에 알리는 것이 좋을 듯했다. 많은 원자들을 배치할 때, 각각의 원자는 아무 이상이 없다 할지라도 전체 원자들은 도저히 불가능한 집합체인 경우가 있을 수 있었다. 우리가 만든 모형이 이런 경우에 해당되지는 않겠지만, 그래도 혹시 우리가 상보적인 DNA 분자가 지니고 있는 생물학적 의의를 너무 과대평가하여 이런 실수를 저지르지 말란 법은 없는 것이다. 따라서 앞으로 며칠 동안에 추선과 측정봉을 사용하여 하나의 뉴클레오티드에 있는 모든 원자들의 상대적인 위치를 측정하기로 했다. 우리가 만든 모형은 대칭적인 나선형이기 때문에 한쪽 뉴클레오티드 원자들의 위치가 결정되면 다른쪽 원자들의 위치는 자동적으로 정해지는 것이었다.

커피를 마신 후 오딜은 만일 그 연구 성과가 그렇게 세상을 놀라게 하는 것이라면, 연구기간이 끝났다고 왜 쫓겨가듯 브루클린으로 가야 하느냐고 물었다. 케임브리지에 계속 남아 미진한 문제들을 모두 해결해야 하지 않겠느냐는 것이 오딜의 생각이었다. 나는 미국 남자라고 모두가 머리를 짧게 깎는 것은 아니며, 미국 여성이라고 모두 짧고 하얀 양말을 신고 거리를 다니는 것은 아니니 브루클린으로 간다 해도 크게 걱정할 일은 아니라며 애써 그녀를 위로했다. 미국에는 사람의 발길이 닿지 않은 광활한 대지가 있다는 둥 커다란 장점도 많다고 설득했지만 효과는 별로 없었다. 오딜은 유행 따라 멋지게 옷을 입는 사람도 없는 그런 삭막한 곳에서 살아야 한다고 생각하니 미국행이 끔찍한 듯했다. 더욱이 그녀는 미국 사람들이 어깨에 걸치는 헐렁한 옷과는 달리 몸에 딱 달라붙는 블레이저를 입은 내 모습을 보고는 더욱 내 말을 믿지 못하는 것 같았다.

이튿날 아침 연구실로 가니 크릭이 먼저 실험실에 나와 있었다. 크릭은 원자들의 좌표를 읽어낼 수 있도록 지지대에 모형을 단단히 고정시키는 작업을 하는 중이었다. 그가 원자들을 앞뒤로 이리저리 배열하는 동안, 나는 책상에 걸터앉아 논문을 어떤 형식으로 쓸 것인가에 대해 곰곰이 생각했다. 크릭은 지지주의 위치를 옮길 때 모형이 쓰러지지 않도록 내가 좀 도와주었으면 하는 눈치였으나 내가 논문 작성 구상에 빠져 전혀 그럴 기미를 보이지 않자 짜증을 부리기도 했다.

우리는 그때까지 Mg^{++}이온이 중요하다고 강조한 것은 잘못 짚 이중나선을 보여주는 최초의 시범 모델. 거리를 Å(10^{-10}m)으로 나타냈다.

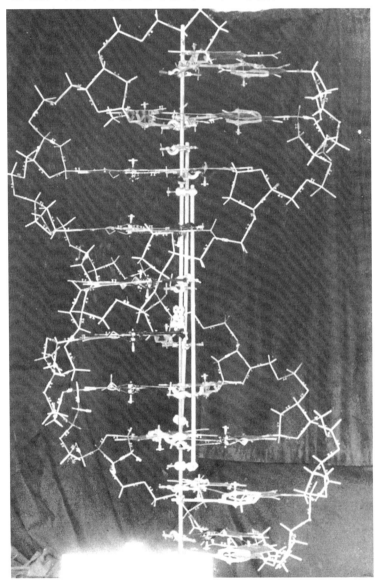

은 것이고, 윌킨스와 로지의 말대로 DNA에서 정작 중요한 것은 Na⁺염일 것이라고 믿고 있었다. 하지만 바깥쪽에 당-인산 뼈대를 놓고 보니 어떤 이온이든 아무런 문제가 되지 않았다. 두 이온 모두 이중나선에 완벽하게 잘 맞을 것이다.

이날 점심 무렵 브래그 경이 연구실로 내려와 처음으로 우리 모형을 보았다. 그는 며칠 동안 감기로 집에 있었고, 크릭과 내가 생물학사에 길이 남을 독창적인 DNA 구조를 발견했다는 소식도 침대에서 전해 들었다. 그는 이날 오랜만에 캐번디시 연구소에 출근하여 밀린 업무를 처리한 뒤 직접 모형을 보기 위해 내려왔던 것이다. 브래그 경은 모형을 보자마자 두 사슬간의 상보적인 관계를 바로 이해했고, 아데닌-티민과 구아닌-시토신이 규칙적으로 반복되는 당-인산 뼈대 모양에서 그 양이 동일하게 되는 것도 쉽게 알아차렸다. 그는 샤가프의 법칙을 알지 못했기 때문에, 나는 각 염기의 상대적인 비율에 관한 실험 근거를 그에게 보여주었다. 그는 유전자 복제에 있어서 이중나선이 갖는 엄청난 의미를 파악한 뒤 몹시 흥분했다. 브래그 경은 X선 사진으로는 어떻게 입증되느냐고 물었다. 아직 킹스 대학의 연구팀에 알리지 않았다고 했더니 그는 이해한다고 했다. 그러나 우리가 토드의 견해를 묻지 않은 것에는 의구심을 표했다. 우리가 유기화학적 검토를 확실히 했다고 재차 말했지만 그는 마음을 완전히 놓지 못하는 것 같았다. 우리가 잘못된 화학구조식을 사용하지는 않았겠지만, 크릭의 빠른 말솜씨로 보아 그가 분석을 제대로 했을까 하는 걱정이 들었는지도 모르겠다. 그래서 우리는 원자

좌표를 결정하고 난 뒤 토드에게 와달라고 부탁하기로 했다.

최종적으로 원자들의 정밀한 좌표를 결정한 것은 다음날 저녁이었다. 정확한 X선 사진이 없었기 때문에, 우리가 선택한 원자들의 배열이 틀림없이 정확하다고 자신할 수는 없었다. 그렇지만 2중 사슬로 구성된 상보적인 나선형이 입체화학적으로는 가능하다는 점을 입증하면 됐기에 걱정할 일은 아니었다. 이를 입증하지 못한다면 우리의 아이디어는 겉으로 보기엔 우아할지 모르지만, 당-인산 뼈대라는 게 존재하지 않는다는 반론이 제기될 수 있었다. 다행히도 일을 모두 마무리하고 나자 그런 걱정은 쓸데없는 기우에 불과하였고 이제 우리는 이렇게 아름다운 구조는 필연적으로 존재할 수밖에 없다는 사실을 확인하면서 행복에 겨워 점심을 먹었다.

긴장이 풀리자, 나는 저녁에 루리아와 델브뤽에게 이중나선에 대해 편지를 쓸 예정이라고 크릭에게 말한 뒤, 오랜만에 푸르카드와 테니스를 치러 갔다. 켄드루가 윌킨스에게 전화를 걸어 우리가 만든 모형을 보러 오라고 전하기로 했다. 차마 크릭이나 내가 그 일을 직접 할 수 없었던 것이, 그날 아침 집배원이 전해준 윌킨스의 편지에는 이제 DNA에 전력투구할 참이고, 새로운 모형도 조립해볼 작정이라고 적혀 있었기 때문이다.

28

윌킨스는 우리가 만든 모형을 보는 순간 마음에 쏙 든 모양이었다. 그는 켄드루에게서 미리 사슬은 두 가닥으로 구성되어 있고, 그 둘은 A-T와 G-C 염기쌍으로 붙들려 있다고 듣고 온 터였다. 해서 연구실로 들어서자마자 사전 설명 없이 곧바로 세부 검토에 착수했다. 모형의 사슬은 세 가닥이 아니라 두 가닥이었다. 그는 세 가닥은 별로 근거도 없다고 믿고서 두 가닥에 대해 별 이의를 제기하지 않았다. 윌킨스가 금속 모형을 이모저모 살피는 동안, 크릭은 곁에서 이 구조에서는 이런 종류의 X선 사진이 나타날 것이라며 큰소리로 자신의 의견을 말했다. 그러다가 윌킨스가 이중나선을 보러 이곳에 온 것이지 결정학 이론 강의를 들으러 온 것이 아니라는 점에 생각이 미쳤는지 슬쩍 입을 다무는 것이었다. 구아닌과 티민을 케토형으로 정한 데 대해서도 윌킨스는 이의를 제기하지 않았다. 만약 다른 형으로 하면 결합된 염기쌍이 파괴될 것임을 그도 인정했기 때문이다.

얼마 전에 도나휴가 말한 이론을 들려주자 그는 당연하다는 듯 받아 들였다.

도나휴, 피터, 그리고 크릭과 나, 비록 우리끼리 있는 자리에서도 이런 말을 나눈 적은 없지만, 이렇게 넷이서 한 연구실을 사용한 것은 우리에게 정말 행운이었다. 만일 도나휴가 케임브리지에 오지 않았더라면, 나는 아직도 염기는 같은 것들끼리 짝을 짓는다는 생각에 갇혀 계속 헛수고만 하고 있었을 것이 틀림없다. 윌킨스의 연구실에는 구조화학을 전공한 사람이 아무도 없어 교과서에 있는 구조식이 틀렸다 해도 이를 그대로 믿는 수밖에 딴 도리가 없는 형편이었다. 도나휴가 있었기에 오류를 잡아내고 그 결과의 중요성을 제대로 인식할 수 있었던 것이다. 도나휴 말고 이 일을 해낼 수 있는 사람은 폴링뿐이었다.

우리가 해야 할 다음 단계는, 우리 모형에서 예상되는 회절 패턴과 실험을 통해 얻은 X선 데이터를 자세하게 비교, 대조하는 일이었다. 윌킨스는 자기가 이 패턴을 측정한 뒤 비교해보겠다며 런던으로 돌아갔다. 그의 목소리에는 고통의 그림자가 전혀 없어서 나는 아주 편안한 해방감을 느꼈다. 그가 방문하기 전까지, 우리는 그와 그의 젊은 동료들에게 돌아가야 할 영광을 우리가 가로챈 것 같아 그가 혹 괴로워하지나 않을까 걱정했었다. 하지만 막상 그를 대하니 그의 얼굴에는 화가 난 흔적이라곤 티끌만큼도 없었다. 오히려 차분한 얼굴로 우리가 발견한 이중나선 구조가 생물학계에 커다란 활력을 불어넣을 것이라며 진심으로 기뻐해주었다.

윌킨스는 런던으로 돌아가서 이틀 만에 전화를 걸어, X선 데이터가 이중나선과 잘 들어맞는다는 것을 자신과 로지가 확인했다고 알려주었다. 그들은 서둘러서 그 결과를 논문으로 쓰려고 하는데, 우리의 이중나선과 동시에 발표하고 싶다고 했다. 우리는 브레그경과 랜들이 함께 강력하게 추천한다면 접수 후 한 달 이내로 출판될 수 있기 때문에, 《네이처》에 게재되기를 원했다. 그러나 킹스 대학에서 생산되는 논문이 이 한 편만은 아닐 것이다. 로지와 고슬링도 자신들이 얻은 결과를 윌킨스와는 별도로 투고할 것이기 때문이었다.

로지가 우리의 모형을 별 이의 없이 받아들인 점에 대해서는 나도 매우 놀랐다. 스스로 만든 반나선형이라는 함정에 빠져 있던 그녀가, 예의 그 완고한 사고방식으로 이중나선의 정확성을 의심하면서 쓸데없이 트집이라도 잡을까봐 우리는 마음이 조마조마했다. 그렇지만 다른 사람들과 거의 마찬가지로 그녀도 염기쌍에 매력을 느꼈으며, 이토록 아름다운 구조가 진실이 아닐 리 없다는 우리 입장에 동조하는 것이었다. 더욱이 그녀는 우리가 이중나선을 발견했다는 말을 듣기 전에 이미, 스스로 행한 X선 측정 결과에서 나선구조가 옳다는 것을 확인한 터였다. 뿐만 아니라 로지는 뼈대가 분자의 바깥에 자리한다는 사실도 확인했으며, 염기들을 함께 붙드는 수소결합의 존재도 인정한 터라, A-T와 G-C 염기쌍에 대해 더 이상 논박할 수 없었다.

이때부터 로지는 크릭과 나에 대해 가지고 있던 그 지독한 편견

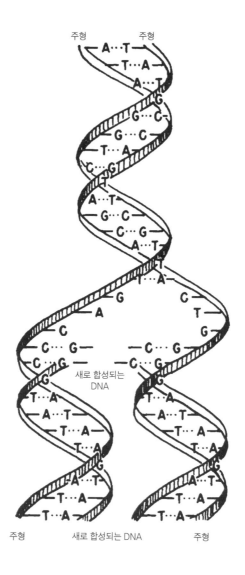

두 사슬의 염기 순서가 상보적이라는 특성에 기인하여 구상된 DNA 복제 방식

을 거두기 시작했다. 사실 예전에 겪었던 그녀의 성미가 두려워 우리는 그녀와 이중나선에 대해 의논하는 것을 망설였었다. 하지만 윌킨스와 X선 사진에 대해 의논하기 위해 런던에 머무는 동안, 크릭은 그녀의 태도에도 변화가 있음을 알아챘다. 크릭은 로지가 자신은 아예 상대도 안 해줄 것이라 생각하고 주로 윌킨스하고만 대화를 나누었다. 하지만 차츰 시간이 흐르면서 로지가 크릭에게 결정학적 면에 관한 조언을 듣고 싶어하고, 적대적인 감정 대신 대등한 입장에서 대화할 준비가 되어 있음을 알아차렸다.

로지는 크릭에게 자신의 데이터를 흔쾌히 공개했다. 이를 본 크릭은 당-인산 뼈대가 분자의 바깥에 있어야 한다는 로지의 주장이 옳다는 것을 한눈에 알 수 있었다. 크릭은 이제까지 로지가 고집스럽게 자신의 주장을 펼쳤던 까닭이 그저 맹목적인 남녀평등론자로서의 입장이 아니라 일급 과학자의 실험 결과에 근거한 것임을 깨달았다.

이처럼 로지가 태도를 바꾼 이유는 우리를 바라보는 그녀의 인식이 달라진 덕분이기도 했다. 이는 로지가 그간 우리가 모형을 조립한다고 난리법석을 피운 것을, 정직한 과학자라면 모름지기 감당해야 할 고된 실험이 싫어서 일부러 게으름을 피운 것이 아니라, 우리 나름대로 과학에 접근하는 진지한 자세였다고 인정한 것이다. 우리 역시 그동안 로지가 윌킨스나 랜들과 대립해온 것은 그녀가 같이 일했던 동료들과 대등한 입장에서 동등한 대우를 받고 싶었던 지극히 당연한 욕구에서 비롯된 것임을 깨달았다. 킹스 대학의 실험실로 들어온 이후 로지는 자신의 결정학적 분석 능력에 걸맞은 정당한 대우를 받지 못하는 데 대해 분노하고, 서열 위주의 계급 문화에 반항했던 것이었다.

그 주에 패서디나에서 두 통의 편지가 왔는데, 그에 따르면 폴링은 아직도 핵심에서 한참이나 비켜나 있다는 소식이었다. 그중 한 편지는 델브뤽이 보낸 것으로, 폴링이 방금 끝난 세미나에서 DNA 구조를 수정하여 설명했다고 전하고 있었다. 그가 케임브리지로 보낸 원고에는 특기할 만한 내용이 전혀 없으며, 공동 연구자인 코리(R. B. Corey)가 원자들 사이의 거리를 정확하게 측정하기도 전에 발표했다는 것이다. 하지만 실제로 원자 사이의 거리를 측정하고 보니, 약간의 조정만으로는 해결되기 어려운 난관에 봉착하여 곤경에 빠진 모양이었다. 폴링의 모델은 간단한 입체화학적 근거로도 가능하지 않았던 것이다. 그는 동료인 베르너 쇼메이커(Verner Schomaker)가 제안한 대로 수정하여 사태를 수습하려고 했다. 즉, 인산기를 45도 비틀어서 산소원자의 다른 그룹과 수소결합을 형성시키려고 한 것이다. 내가 DNA 구조에 대한 참신한 아이디어를 발견했다는 메모를 이미 받은 델브뤽은 폴링이 강연을 마친 후, 쇼메이커에게 폴링이 틀렸다고 자신있게 말했다고 한다.

델브뤽의 의견은 곧바로 폴링에게 전해졌고, 폴링은 서둘러 나에게 편지를 보내왔다. 폴링의 편지는 첫머리에서부터 자신의 조급증을 여실히 드러냈다. 이어 그는 단백질에 관한 학회가 열릴 예정인데 거기에 핵산 부문을 추가하기로 했으니 참석해달라고 요청했다. 사실 그의 진짜 용건은, 델브뤽에게 말한 그 아름다운 새로운 구조에 대해 자세히 알려달라는 것이었다. 그의 편지를 읽으면서 나는 한숨을 길게 내쉬며 가슴을 쓸어내렸다. 폴링이 강연할 때에 델브뤽은 상보적인 이중나선 구조를 알지 못하고 있었기 때문에 그가 쇼메이커에게 말한 것은 같은 염기끼리 쌍을 이룬다는 아이디어였을 것이다. 이는 오류가 드러나 폐기된 아이디어였다. 다행히도 내 편지가 델브뤽에게 도착할 때쯤 염기 문제가 해결되었기에 한숨을 돌릴 수 있었지만, 만약 그렇지 않았다면 나는 고안한 지 겨우 12시간밖에 안 된, 그리고 24시간 만에 폐기된 아이디어를 성급하게 편지로 썼다고 델브뤽과 폴링에게 다시 알려야 하는 아주 난처한 입장에 처하고 말았을 것이다.

토드가 주말에 몇몇 젊은 동료들과 함께 우리 연구실을 방문했다. 지난주 내내 하루에도 서너 번씩 방문객들에게 되풀이하여 설명했음에도 불구하고 전혀 지친 기색도 없이, 크릭은 빠른 말로 이중나선 구조와 그 구조에 내포된 의미를 조목조목 설명했다. 날이 갈수록 크릭은 점점 더 신이 나는 것 같았다. 새로운 방문객들에게 설명하는 크릭의 목소리가 들리면, 나와 도나휴는 아예 자리를 비켜주었다. 그리고 DNA 구조에 대해 새로운 시각을 갖게 된 그들이 고개를 끄덕이며 나가고 연구실이 조용해진 뒤에야 우리는 다시 일을 시작했다. 그러나 토드가 왔을 때만큼은 밖에 나가지 않고 함께 연구실에 머물렀다. 토드는 브래그 경에게 당-인산 뼈대에 관한 그의 화학적 연구 결과와 우리가 발견한 이중나선은 정확하게 일치한다고

DNA 모델 앞에 선 프랜시스 크릭과 왓슨

말했다. 또한 토드는 케토형에 대해서도 언급하며, 많은 유기화학자들이 에놀형을 택하고 있는 것은 사실 근거가 없는 것이라고 하였다. 그는 나와 크릭의 이 훌륭한 업적을 진심으로 축하한다고 말한 후 돌아갔다.

얼마 후 나는 파리에서 1주일을 보내기 위해 케임브리지를 떠났다. 에프루시 부부와 파리에서 만나기로 몇 주 전부터 약속이 되어 있었던 것이다. 핵심적인 연구가 이미 끝났기 때문에, 이중나선을 가지고 에프루시 실험실과 르보프 실험실 사람들에게 자랑하고 싶은 마음도 없지 않았다. 그러나 크릭은 이 중대한 시기에 어떻게 1주일이나 연구실을 비울 수 있느냐며 언짢아했다. 하지만 나 역시 좀 성실하자는 크릭의 요구에 기분이 상하기는 마찬가지였다. 특히 켄드루가 전해준, 우리를 지칭한 것이 분명한 샤가프의 편지를 읽고 나자 기분은 더 꿀꿀해졌다. 편지 말미에는, "당신 연구실의 그 촌뜨기들이 발견했다는 것에 대해 좀 알려달라"고 씌어 있었던 것이다.

29

폴링은 델브뤽으로부터 이중나선에 관해 처음 들었다. 나는 델브뤽에게 상보적인 DNA 사슬구조를 알아냈다는 소식을 전하면서 편지 말미에, 폴링에게는 아직 말하지 말라고 부탁했었다. 아직도 오류가 있을지 모른다는 걱정이 남아 있었기에, 앞으로 며칠 동안 좀더 면밀한 검토를 거친 뒤에 수소결합으로 연결된 염기쌍의 내용을 폴링에게 알리고 싶었다.

그러나 나의 요구는 무시되었다. 델브뤽은 자신의 실험실 연구원 모두에게 이중나선에 대해 말해버렸다. 이제 곧 그 연구원들이 폴링의 지도하에 있는 자신의 친구들에게 그 말을 전할 것은 뻔한 일이었다. 사실 델브뤽은 그 전에 이미 나에게서 오는 편지 내용을 지체 없이 폴링에게 알려주기로 약속이 되어 있었다. 이런 약속을 한 것은 순수과학에서는 모든 정보가 투명하게 공개되고 공유되어야 한다는 신념 때문이었고, 또 그로서는 폴링이 애태우는 모습을 그냥 모른 척할 수가 없었던 탓이기도 했다.

　이중나선에 대한 소식을 접하고 폴링은 델브뤽과 마찬가지로 진심으로 감격했다고 한다. 보통 때 같았다면 폴링은 그가 지녔던 아이디어의 장점을 내세워 우리와 싸웠을 것이다. 하지만 우리가 발견한 자가 상보적인 DNA 분자구조가 지닌 엄청난 생물학적 의의 앞에서 그 역시 우리의 승리를 깨끗이 인정한 것이다. 그러나 문제가 완전히 마무리되기 전에, 그는 킹스 대학에서 나온 X선 사진 증거를 확인하고 싶어했다. 그는 4월 둘째 주에 솔베이에서 개최되는 단백질 학회에 참가하러 벨기에의 브뤼셀로 갈 예정이었는데 이런 예정대로라면 3주 후에는 X선 사진을 볼 수 있을 것으로 기대했다.

　폴링도 이중나선에 대해 이미 알게 되었다는 점을, 나는 3월 18일 파리에서 돌아온 직후에 델브뤽이 보낸 편지를 읽고 알았다. 그러나 이미 우리가 채택한 염기쌍이 타당하다는 증거는 꾸준히 쌓이고 있었으므로, 폴링이 더 이상 우리의 경쟁 상대는 아니라고 판단했다. 결정적인 증거 하나가 파스퇴르 연구소에서 나왔다. 파리를 방문했을 때, 나는 파스퇴르 연구소에서 캐나다 출신 생화학자 게리 와이엇(Gerry Wyatt)을 우연히 만났었다. 마침 그때, DNA의 염기 비율을 오랫동안 연구하고 그는 T2, T4, T6 파지 그룹에서 DNA 분석을 막 끝내고 있었다. 지난 2년 동안 이 파지 그룹의 DNA는 시토신이 없는 이상한 특성을 갖고 있다고 알려졌다. 우리의 모형으로는 분명히 있을 수 없는 현상이었다. 하지만 시모어 코언(Seymour

Cohen)과 앨 허시(Al Hershey)와 함께 와이엇은 이 파지들이 5-히드록시-메틸-시토신(5-hydroxy-methyl cytosine)이라는 변형된 시토신을 포함하고 있다고 확인해주었다. 더 중요한 점은 그 변형된 시토신의 양이 구아닌의 양과 같았다는 것이다. 5-히드록시-메틸-시토신은 시토신처럼 수소결합을 형성해야 하기 때문에, 이 결과는 이중나선의 증거로서 더할 나위 없이 훌륭한 것이다. 또한 이들이 분석한 데이터는 이전의 어떤 분석 결과보다 아데닌과 티민 그리고 구아닌과 시토신의 양이 같다고 확실히 입증하고 있어 나는 기분이 참으로 좋았다.

내가 파리에 머무는 동안 크릭은 A형 DNA의 분자구조에 착수했다. 윌킨스 실험실의 연구 결과에 의하면 결정체인 A형 DNA는 물을 흡수하면 길이가 길어져서 B형으로 바뀐다는 것이다. 그래서 B형의 DNA를 축을 따라 기울여 염기쌍 거리를 약 $2.6Å$으로 줄이면 보다 압축된 상태의 A형 DNA를 만들 수 있다고 추정했다. 그래서 그는 기울어진 염기 모형을 조립하기 시작한 것이다. B형 구조와 달리 나선의 내부가 비좁은 A형 구조는 손으로 조작하기가 훨씬 더 힘들었겠지만, 내가 돌아갔을 때는 이미 보기에도 만족스러운 새 모형이 완성되어 있었다.

그 다음주 《네이처》에 투고할 논문의 초고가 완성되어 윌킨스와 로지에게 자문을 구하기 위해 런던으로 사본 두 통을 보냈다. 그들은 사실상 별 이의가 없다고 하면서, 다만 그들의 실험실에 있는 프레이저가 우리가 모형을 만들기 전에 수소결합으로 형성된 염기를 생각하고 있었다는 점만을 언급해주길 희망했다. 그때까지도 우리는 프레이저의 아이디어에 대해서는 아는 바가 없었다. 프레이저는 염기 세 개가 중간에서 수소결합으로 묶인 것을 생각한 모양인데, 그들 중 많은 경우는 우리가 이제 알게 된 잘못된 호변이성 이성질체였다. 따라서 소개한다 한들 그 아이디어는 곧 사장될 것이 뻔했기에 그렇게 할 가치가 있는 것 같지 않았다. 우리가 이런 사실을 전하자 윌킨스는 몹시 당황하는 기색이었다. 결국 우리는 참고문헌에 이를 추가로 수록하기로 했다. 로지와 윌킨스의 논문은 둘 다 비슷한 입장을 견지했고, 두 논문 모두 그들이 얻은 결과를 염기쌍이라는 용어를 사용하여 해석하고 있었다. 처음에 크릭은 생물학적 의의까지 언급하면서 논문을 길게 쓰려고 하였다. 하지만 간결할수록 요지는 더 선명해지는 법이라며 간단히 다음과 같은 문장을 만들었다. "우리가 제창하는 이 특이한 염기쌍은 곧바로 유전물질을 만들어내는 복제 기구를 밝히는 데 중요한 의의가 있음을 우리는 잘 인식하고 있다."

거의 최종본 형태의 논문 원고를 브래그 경에게 보여주었다. 그는 몇 문장을 수정하면 좋겠다고 말한 뒤, 기꺼이 강력한 추천장과 함께 《네이처》에 보내겠다고 말했다. 그는 우리의 이중나선 구조 발견을 진심으로 기뻐했다. 물론 이 업적이 패서디나가 아니라 캐번디시에서 나왔다는 것도 분명 그를 즐겁게 했을 것이다. 그러나 보다 더 큰 이유는 우리가 발견한 이중나선 구조가 가지고 있는 정교한 자기복제성에 감탄했으며, 그들이 40년 전에 개발한 X선 방법이 생명의 본질을 밝히는 데 중요한 역할을 했기 때문이었다.

논문의 최종 원고가 3월 마지막 주말에 완성되었고 이제 타자기로 정리하는 일만이 남았다. 캐번디시에서 일하는 타이피스트가 마침 휴가중이어서, 엘리자베스에게 부탁했다. 토요일 오후 내내 따분하게 자판이나 두드려야 하는 일이었음에도 불구하고 엘리자베스는 쉽게 승낙했다. 우리 논문이 다윈 이후로 생물학계를 뒤흔들 가장 빛나는 업적이 될 것이라고 그녀를 설득했기 때문이었다. 크릭과 나는 엘리자베스가 타이핑하는 모습을 어깨 너머로 지켜보았다. 약 9백 단어로 된 그 논문의 첫문장은 다음과 같았다. "우리는 여기에 디옥시리보핵산(DNA) 염의 구조를 제창하고자 한다. 이 구조는 생물학적으로 대단한 관심을 불러일으킬 새로운 특징을 지니고 있다." 화요일에 완성된 논문을 브래그 경의 연구실로 보냈고, 4월 2일 수요일에《네이처》의 편집위원에게 발송했다.

폴링은 금요일 밤 케임브리지에 도착했다. 솔베이에서 개최되는 학회에 참가하기 위해 브뤼셀로 가는 길에, 아들 피터도 볼 겸, 모형도 관찰할 겸 들른 것이다. 피터 폴링은 그저 편한 생각에서 아버지를 팝 미망인 하숙집에 머물도록 했지만, 우리가 보기에 아버지 폴링에게는 불편한 일이 아닐 수 없었다. 매일 아침마다 외국인 아가씨들과 식사를 한다 한들, 온수가 제공되지 않는 방이라면 무슨 소용이겠는가. 그 다음날인 토요일 아침, 폴링은 아들인 피터 폴링과 함께 연구실로 와서, 도나휴와 인사를 나누고 칼텍에 대한 소식을 잠시 나누더니, 곧바로 우리 모형을 검토하기 시작했다. 폴링은

이중나선에 관한 논문을 출판한 직후
캐번디시 연구소에서 커피를 마시고 있는
프랜시스 크릭과 왓슨

킹스 대학 실험실에서 측정한 데이터도 보고 싶어했다. 그에게 로지가 찍은 B형 사진의 사본을 보여주자, 그는 우리 모형이 타당하다는 것을 깨끗이 인정했다.

그때 브래그 경이 연구실로 들어오더니, 점심을 대접하겠다면서 폴링 부자를 자신의 집으로 데리고 갔다. 그날 저녁 폴링 부자와 엘리자베스 그리고 나는 크릭의 집으로 초대를 받았다. 폴링을 의식해서인지 크릭은 별로 말이 없었고, 그저 내 여동생 엘리자베스와 오딜이 즐겁게 수다 떠는 것을 지켜보기만 할 뿐이었다. 부르고뉴 적포도주를 꽤나 많이 마셨음에도 불구하고, 그날 밤의 대화는 전혀 활기를 띠지 못했다. 폴링은 크릭보다는 풋내기인 나에게 말을 걸고 싶어하는 것 같았다. 하지만 아직 시차를 극복하지 못한 폴링이 피곤해 보여서, 파티는 자정 무렵에 끝났다.

다음날 오후 엘리자베스와 나는 비행기를 타고 파리로 갔다. 피터 폴링과 만나기로 오래전에 약속이 되어 있었던 것이다. 엘리자베스는 열흘 후에 미국으로 갔다가, 대학시절에 사귄 미국 청년과 결혼하기 위해 일본으로 갈 예정이었다. 따지고 보니 꽉 막힌 미국 문화를 벗어나 어쨌든 걱정 없이 한가한 마음으로, 우리가 함께 지낼 수 있는 것도 이날이 마지막인 것 같았다. 월요일 아침, 우리는 포부르 생 토노레(Faubourg St. Honore)의 그 아름다운 정경을 다시 한 번 감상하자면서 집을 나섰다. 나는 우산 가게를 구경하다가, 문득 엘리자베스의 결혼 선물로 제격이다 싶어 예쁜 우산 하나를 골랐다.

엘리자베스는 친구를 만나러 가고, 나 홀로 센 강을 건너 룩셈부르크 궁전 근처에 있는 호텔로 걸어 들어가면서 수만 가지 상념에 잠겨들었다. 다음날 오후에는 나의 생일파티를 하기로 되어 있었지만 지금 나는 철저하게 혼자였다. 이젠 생 제르맹 데 프레(St. German des Pres) 근처를 활보하는 긴 머리의 아가씨들에게 더 이상 한눈을 팔지도 않았다. 이젠 나도 어엿한 25세로 그런 일탈행동을 하기에는 너무 나이가 많았기에.

· 후기 ·

이 책에 등장하는 분들은 대부분 아직 살아 계시고 모두 현역으로 활동하고 있다. 칼카르는 하버드 대학 의과대학의 생화학 교수로서 미국으로 왔고, 켄드루와 페루츠는 둘 다 케임브리지에 남아, 단백질에 관한 X선 연구를 계속하여 1962년에 노벨 화학상을 수상했다. 브래그 경은 1954년에 런던 왕립연구소의 소장으로 부임한 뒤에도 단백질 구조에 관한 열성적인 관심을 놓지 않았다. 헉슬리는 런던에서 몇 년을 지낸 후 케임브리지로 다시 돌아가 근육수축 기작에 관한 연구를 계속했다. 크릭은 브루클린에서 1년을 지낸 후, 유전암호의 특성 및 작용에 관한 연구를 위해 케임브리지로 다시 돌아왔다. 그는 지난 10년 동안 이 분야를 이끈 세계적 선구자로 활약했다. 윌킨스는 수년간 DNA를 집중 연구했으며, 공동 연구자들과 함께 DNA가 이중나선 구조로 되어 있다는 핵심적인 사실을 더욱 철저하게 입증해냈다. 그 후 그는 리보핵산 구조 연구에 커다란 공헌을 했으며, 현재는 연구 방향을 돌려 신경계의 구조 및 작용에 관한 연구를 진행하고 있다. 피터 폴링은 현재 런던에 살고 있으며, 유니버시티 대학에서 화학을 가르치고 있다. 그의 아버지 라이너스 폴링은 칼텍에서 은퇴한 뒤, 현재는 마지막 남은 과학에의 열정을 원자핵의 구조 및 이론구조화학에 집중하고 있다. 내 여동생 엘리자베스는 동양에서 몇 년 살다가 출판업을 하는 남편 및 세 자녀와 함께 워싱턴에서 살고 있다.

여기에 언급된 사람들은 모두가 그들이 기억하고 있는 세세한 사항들이 나와 다르다고 지적할 수 있다. 그렇지만 안타깝게도 한 사람은 그렇지 못하다. 1958년에 프랭클린은 37세의 젊은 나이로 일찍 세상을 떴다. 그녀에 대한 첫인상은 학문적으로나 개인적으로나 그다지 좋은 편이 아니었다. 그러나 그런 사적인 감정을 떠나 나는 여기에 그녀의 업적에 대하여 몇 자 적으려 한다.

프랭클린이 킹스 대학에서 수행한 X선 연구는 시간이 흐를수록 그 우수성을 높이 평가받고 있다. DNA를 A형과 B형으로 분류한 것 자체만으로도 그 업적은 길이 남을 것이다. 뿐만 아니라 그녀는 1952년에 패터슨 중첩법(Patterson superposition)을 이용하여 인산기가 DNA 분자의 바깥에 위치해야 한다는 점을 입증했다. 그녀는 후에 버널의 실험실로 옮겨, 담배 모자이크 바이러스에 관한 연구를 시작했다. 또한 우리가 알고 있었던 나선구조에 대한 정성적 아이디어를 단 몇 시간 만에 정밀한 정량적 X선 그림으로 확장시켜, 나선에 필수적인 매개변수를 확실히 수립했고 동시에 리보핵산 사슬이 중심축에서 반쯤 벗어나 있다는 점도 입증해냈다.

그 당시 나는 미국에서 교편을 잡고 있었기 때문에 크릭처럼 그녀를 자주 만나지는 못했지만, 그녀는 종종 조언을 구하기 위해 크릭에게 갔었다. 아주 괜찮은 결과가 나왔을 때면 크릭과 그녀가 만나 함께 토론하기도 했다. 그 무렵엔 우리가 처음에 그녀와 언쟁을 벌였다는 기억은 모두 잊고, 둘 다 그녀의 성실하고 고매한 인품을 흠모했을 정도였다. 과학계라는 곳은 연구가 벽에 부딪혔을 때 흔히 여성을 단순히 기분 전환이나 시켜주는 존재로 생각하기 쉬운 곳이다. 이런 불합리한 상황에서 고도의 지성을 갖춘 그녀로서는 용감하게 맞서 싸울 수밖에 없었다는 점을 우리는 너무 늦게 깨달았던 셈이다. 그녀는 자신이 불치병에 걸렸음을 알면서도 전혀 내색하지 않고 죽기 몇 주 전까지 고차원의 연구를 묵묵히 수행했다. 프랭클린이 지니고 있었던 이러한 용기와 성실성은 분명 모든 이들에게 귀감이 되고도 남을 것이다.

다음의 사진은
예전에 델브뤽에게 썼던 편지로,
이중나선의 발견을 알리고 있다.

UNIVERSITY OF CAMBRIDGE   DEPARTMENT OF PHYSICS

TELEPHONE
CAMBRIDGE 55478

CAVENDISH LABORATORY
FREE SCHOOL LANE
CAMBRIDGE

March 12, 1953

Dear Max

Thank you very much for your recent letters. We were quite interested in your account of the Pauling seminar. The day following the arrival of your letter, I received a note from Pauling, mentioning that their model had been revised, and indicating interest in our model. We shall thus have to maintain what is the new future as to what we are doing. Until we have completed, we did not wish to commit ourselves until we have completed. I am prepared yet to write his note. I am sure that all of the usual Wells contacts were correct so that all aspects of our structure were stereochemically feasible. I believe that we have made sure that our structure can be built and made, we on an laborious calculation of exact atomic coordinates.

Our model (a joint project of Francis Crick and myself) bears no relationship to either the original Pauling-Corey Schomaker models. It is a strange model and are embodied several unusual features. However since DNA is an unusual substance, we are not hesitant in being bold. The main features of the model are (1) The basic structure is helical - it consists of two intertwining helices - the core of the helix is occupied by the purine and pyrimidine bases. - The phosphate groups are on the outside (2) the helices are not identical but complementary so that if one helix contains a purine base, the other helix contains a pyrimidine. this feature is a result of an attempt to make the residues equivalent and at the same time put the purines and pyrimidines bases in the center. The points at which purines and pyrimidines are the bonds - Adenine will pair with Thymine while guanine will always pair with cytosine. For example

· 243 ·

UNIVERSITY OF CAMBRIDGE   DEPARTMENT OF PHYSICS

TELEPHONE
CAMBRIDGE 55478 (5 lines)

CAVENDISH LABORATORY
FREE SCHOOL LANE
CAMBRIDGE

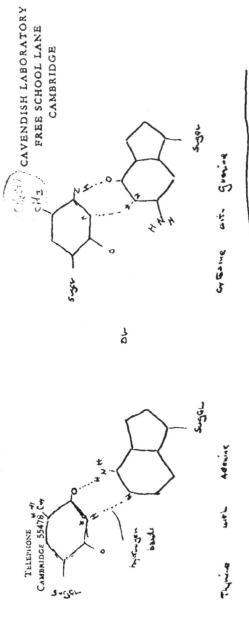

Thymine with Adenine

Or

Cytosine with Guanine

While my diagram is crude, in fact these pairs form 2 very nice hydrogen bonds in which all of the angles are exactly right. This pairing is based on the effective existence of only one but of the two possible tautomeric forms — in all cases we prefer the keto form over the enol & amino over the imino. This is a deduction on assumption but later experiments are

Bill Cochran tell us that, for all organic molecules so far examined, there the lattice and amino forms are present is preference to the enol and imino possibilities.

The model has been derived critically from stereochemical considerations with the only consideration being the spacing of the pair of bases $3.4Å$ which was originally found by Astbury. It tries to hold itself with approximately 10 residues per turn i.e $34Å$. The screw is right handed.

The X-ray pattern approximately agrees with the model, but since the photographs available to us are poor and negative (we have to photographs of our own and are like Astbury's most are Astbury's photographs) this agreement is is no way constitutes a proof of our model. We are contriving a long time (long time) from proving its correctness. To do this we must obtain collaboration the Evans group at Kings College London who possess excellent photographs of a crystalline phase is obtained, to obtain better quality photographs of a paracrystalline phase. Our theses has been made in reference to ...

UNIVERSITY OF CAMBRIDGE   DEPARTMENT OF PHYSICS

CAVENDISH LABORATORY
FREE SCHOOL LANE
CAMBRIDGE

TELEPHONE
CAMBRIDGE 55478

pack together to form the crystalline phase.

In the next day or so Crick and I shall send a note to Nature proposing our structure as a possible model. at the same time emphasizing its provisional nature and the lack of proof in its favour. Even if wrong : I believe it to be interesting since it provides a concrete example of a structure composed of complementary chains. If by chance it is right then I suspect we may be making a slight dent into the matter in which DNA can reproduce itself. For these reasons (in addition to how others) I prefer this type of model over Pauling which if true would tell us next to nothing about how form of DNA reproduces itself.

I shall write you in a day or so about the recombination paper. Yesterday I received a very interesting note from Bill Hayes. I believe he is sending you a copy.

I have met Alfred Tissiers recently. He seems very nice. He speaks French of Rosaland and I suspect has not yet become accustomed to being a fellow of King's.

My regards to Jane.

J.

P.S. We would prefer you not mentioning this letter to Peking. When our letter to Nature is completed we shall send him a copy. We should like to add his coordinates.

1962년 12월 스톡홀름에서 노벨상 수상중에 찍은 사진.
왼쪽부터 모리스 윌킨스, 존 스타인벡, 존 켄드루,
막스 페루츠, 프랜시스 크릭 및 제임스 왓슨

생명과학을 가르치는 입장에서 늘 하는 고민 중의 하나는 어떻게 하면 좀더 쉽고 간단하게 그 원리를 설명할까 하는 것이다. 생명체의 기원에서 지질시대를 경유하여 현재에 이르기까지 무수히 많은 생명체들이 출현했다. 그들 중 일부는 멸종되었고 나머지 일부는 현재까지 생존하고 있다. 도대체 생명체들에게 무슨 일이 벌어졌길래, 어떤 종은 절멸하고 또 어떤 종은 살아남았을까? 진화론을 따른다면, 변화하는 환경에 생명체가 적절히 적응하지 못하면 죽을 것이고, 적절히 적응하면 생존할 것이다. 현재 살고 있는 종들도 따지고 보면 최초의 형태에서 어느 정도는 변형되었을 것이고 앞으로도 변형될 것이다.

　자연계에서 그토록 많은 종이 어울려 사는 것도 경이롭지만 그토록 오랜 기간 동안 한 종이 유사한 형태를 유지했다는 사실 또한 놀라운 일이 아닐 수 없다. 생명이 유지되는 근본적인 원리가 있어 이를 가능케 하는 것일까? 그렇다면 그 원리는 과연 무엇일까?

저자인 제임스 왓슨도 이러한 의문에서 출발하여 혼신의 노력을 기울였으리라. 이중나선 구조 발견이라는 과학사의 찬란한 업적도 따지고 보면, 생명체들이 유전되는 기법을 항시 염두에 두면서, 주변에서 흔히 쌍으로 보이는 것을 재조명하며, 본질은 복잡한 것이 아니라 간단한 것이라는 평범한 진리에 바탕을 두고 거둔 개가라 생각된다. 유전물질인 DNA의 구조가 밝혀진 것을 계기로 생명과학은 눈부신 발전을 거듭하여, 이제는 인간 유전체의 서열까지 속속 밝혀지기 시작했다. 구조가 밝혀진 이상 기능 또한 앞으로 착착 윤곽이 드러나 종국에는 인류에 커다란 혜택을 줄 것이다.

이 책에는 노벨상을 두고 벌어지는 적나라한 이야기들이 숨김 없이 드러나 있다. DNA 구조가 이중나선으로 발견되는 과정에 등장하는 과학자들의 성격, 의욕, 능력, 경쟁심 등이 가감 없이 그려져 있다. 또한 과학자들의 일상생활도 일반인들과 크게 다르지 않다는 점을 솔직하게 토로하고 있다. 다만 그들의 주된 관심이 과학이라는 굴레를 벗어나지 못하고 있으며, 언제나 미지의 세계를 밝혀내는 분위기에 젖어 있다는 점은 누구도 부인하지 못할 것이다.

과학도를 꿈꾸는 우리의 젊은 독자들이 이 책을 통하여 현실과 갈등을 겪으면서도 꾸준히 질문하고 답하며 진리를 추구하는 길로 들어서는 작은 오솔길이라도 발견한다면 옮긴이로서 더할 나위 없는 기쁨이겠다.

2006년 7월

최돈찬

· 찾아보기 ·

이중나선

2판 1쇄 펴냄 2019년 7월 30일
2판 13쇄 펴냄 2024년 11월 15일

지은이 제임스 왓슨
옮긴이 최돈찬

주간 김현숙 ｜ **편집** 김주희, 이나연
디자인 이현정, 전미혜
마케팅 백국현(제작), 문윤기 ｜ **관리** 오유나

펴낸곳 궁리출판 ｜ **펴낸이** 이갑수

등록 1999년 3월 29일 제300-2004-162호
주소 10881 경기도 파주시 회동길 325-12
전화 031-955-9818 ｜ **팩스** 031-955-9848
홈페이지 www.kungree.com ｜ **전자우편** kungree@kungree.com
페이스북 /kungreepress ｜ **트위터** @kungreepress
인스타그램 /kungree_press

ⓒ 궁리출판, 2019.

ISBN 978-89-5820-603-3   03470